古农学·与古农书论稿

葛小寒 著

中国农业科学技术出版社

图书在版编目（CIP）数据

古农学与古农书论稿／葛小寒著. --北京：中国农业科学技术出版社，2023.12

ISBN 978-7-5116-6540-9

Ⅰ.①古…　Ⅱ.①葛…　Ⅲ.①农学-研究-中国-古代②农业-古籍-研究-中国　Ⅳ.①S

中国国家版本馆 CIP 数据核字（2023）第 226935 号

责任编辑　朱　绯
责任校对　马广洋
责任印制　姜义伟　王思文

出 版 者　中国农业科学技术出版社
　　　　　北京市中关村南大街 12 号　　邮编：100081
电　　话　（010）82109707（编辑室）　　（010）82109702（发行部）
　　　　　（010）82109709（读者服务部）
网　　址　https：//castp.caas.cn
经 销 者　各地新华书店
印 刷 者　北京建宏印刷有限公司
开　　本　170 mm×240 mm　1/16
印　　张　13
字　　数　231 千字
版　　次　2023 年 12 月第 1 版　2023 年 12 月第 1 次印刷
定　　价　68.00 元

◀━━◀ 版权所有·翻印必究 ▶━━▶

前　　言

四库馆臣在撰写《四库全书总目》"农家类"小序之时，对于"何为农家"这样一个看似简单的问题产生了困惑，请看：

农家条目，至为芜杂。诸家著录，大抵辗转旁牵，因耕而及《相牛经》，因《相牛经》及《相马经》《相鹤经》《鹰经》《蟹录》至于《相贝经》，而《香谱》《钱谱》相随入矣。因五谷而及《圃史》，因《圃史》而及《竹谱》《荔支谱》《橘谱》至于《梅谱》《菊谱》，而《唐昌玉蕊辨证》《扬州琼花谱》相随入矣。因蚕桑而及《茶经》，因《茶经》及《酒史》《糖霜谱》至于《蔬食谱》，而《易牙遗意》《饮膳正要》相随入矣。触类蔓延，将因《四民月令》而及算术、天文，因《田家五行》而及风角、鸟占，因《救荒本草》而及《素问》《灵枢》乎？今逐类汰除，惟存本业，用以见重农贵粟，其道至大，其义至深，庶几不失《豳风》《无逸》之初旨。茶事一类，与农家稍近，然龙团凤饼之制，银匙玉碗之华，终非耕织者所事，今亦别入谱录类，明不以末先本也。①

以上可见，馆臣虽然清楚感知到"农家"在诸种书目著录中的"芜杂"，并且清晰地把握了"芜杂"背后的规律（即"辗转旁牵"）：从"耕牛"至诸种"鸟兽虫鱼"专谱，从"五谷"扩展到更为宽泛的"花草果蔬"，又从作为饮料的"茶"向饮食类书籍延伸，等等。但是馆臣却无法理解"农家类"

---

① （清）永瑢等：《四库全书总目》卷一百二《子部十二·农家类》，北京：中华书局，1965年，第852页。

的"触类蔓延"是如何在历史进程中演进的，如此便留下两个问题供后世学者思考：其一，"农家类"在古典书目中的发展是否真的如同馆臣论述的一般不断走向"芜杂"，还是说在不同性质的书目中其实有不同的"农家类"认识；其二，如果以上所言的"农家类"变化趋势成立，那么造成这种变化的原因是什么？

而当四库馆臣完成《四库全书》编纂的一百年后，西方科学开始正式进入中国。① 诚然，自明末耶稣会士来华开始，从明廷到清廷，上至皇帝、官宦，下至士夫、农商都曾在一定程度上接触到西方科学与技术。但是，正如肖巍观察的一般，"徐光启们"对于科学技术的接受并未能动摇当时的"体制"：一方面，科学思维并非社会的共识，而是仍然停留在个人兴趣层次；另一方面，正因为科学在明清时期是"个人的"，故而缺乏相应促进其发展的建制性机构存在。肖氏因此总结为："我国明清之际的科学事业尽管也经历过一次不小的高潮，却终未能确立起近代意义的科学新体制……明清之际科学的主要失误就在于'非体制化'。"② 换言之，近代以来科学进入中国的道路便不仅仅是"个人的"，而是从"体制化"层面改变国人的认知思维与国家的教育学术制度。从前者来看，汪晖精辟地指出科学在近代中国作为"公理世界观"具有取代以儒学为核心的"天理世界观"的作用，那么科学在彼时便不仅仅是关于自然与技术的纯粹知识，更是一种价值判断的标准。③ 从后者来看，科学对于教育制度的改造明显表现为新学制的建立与自然知识、技术知识的教育开始取代传统的儒学经典；而科学对于学术制度的改造或许正如科学之原意（"分科之学"）一般，开始于书籍分类标准的变迁。简而言之，传统的四部分类法

---

① 如以四库馆闭馆为界，则《四库全书》之修纂完成于乾隆五十年（1785）；如以《四库全书》全部完成（包括南三阁的续办，两次重大的重校，以及后续的增补，等等）为标志，则迟至嘉庆十一年（1806）方告终。而"科学"一词开始流行于"汉字圈"（主要是日本）则在1885年前后，日人所编诸种词典、字典在当时开始使用这一词语解释"science"；而到了差不多1906年前后，"科学"才正式经由留日学生的回传，在中国大陆流行开来。相关研究可参考，张升：《四库全书馆研究》，北京：北京师范大学出版社，2012年，第33~37页；张帆：《近代中国"科学"概念的生成与歧变（1896—1919）》，北京：社会科学文献出版社，2018年，第3~15页。

② 肖巍：《非"体制化"：明清之际科学之误》，《复旦学报（社会科学版）》1997年第2期。

③ 汪晖：《世纪的诞生》，北京：生活·读书·新知三联书店，2020年，第273~298页。

开始被摒弃，建立在科学之上的现代西方学科划分体系得到认同。① 因此，在《四库全书总目》中，我们看到的是深受儒家经典教育的四库馆臣们试图在固有的知识体系中，将部分"西学"作品囊括其中。而到了晚清民国，这一问题便被调转了，以儒学意识形态为指导的经部、史部书籍反而要开始为自身的存在寻找依据了。值得注意的是，在这一转型过程中，传统四部体系下的子部书籍却或多或少得到保存与继承，比如"医家类"之于"医学"，"农家类"之于"农学"。

然而，这样的简单转化却使得前揭四库馆臣的两个问题更加复杂了，或者说，我们会迎来第三个具体的问题：如果抛开西方科学帮我们预设的"农学"观念，我们能否挖掘出中国传统"农学"的内涵呢？而对于这一问题的回答，或许要穿过两层迷雾：其一，四库馆臣预设了"芜杂"，试图提出单一的局限于"本业"的传统"农学观念"；其二，西方科学则预设了现代"农学观念"，试图阻止我们挖掘传统"农学观念"的不同面向。

本书最开始的部分便是对于以上问题的思考，在"上编"之中，笔者将主要利用古典书目的"农家类"去思考传统农学的两个问题：第一，跳出四库馆臣预设的框架，我们能否发现古代社会对于农学理解的不同认识及其线索；第二，跳出西方科学预设的概念，我们能否总结出传统中国农学特有的内涵。

首先，如果我们回顾唐宋目录中有关农书的分类与著录，便能够发现它们在一定程度上反映了唐宋时期古人对于农学的理解。而到了唐中期，伴随着谱录类与相畜类农书进入古典书目的农家类，当时的农学观念有了一定程度的扩大。这种农学观念扩大的趋势在北宋的官修史志目录中有着延续和发展。但是，北宋的官修馆阁书目却更强调农学知识的专业化，这就造成了北宋农学观念呈现出两种不同的发展路径。

其次，南宋官修书目中对农书的分类却并未呈现出北宋那种史志书目与馆阁书目对立的局面。相反，南宋官修书目所反映的是北宋两种农书分类观点的

---

① 罗志田：《西学冲击下近代中国学术分科的演变》，《社会科学研究》2003 年第 1 期。

融合。另外，南宋私修书目对农书分类并未照搬官方的看法，但是私修书目对农书的认识很明显受到了官修书目的影响。因此，唐宋时期农学观念的转变正是在这种农书分类的差异中建立起来。

再次，到了明代，笔者认为我们可以从三个层次上去考察当时的"农书观"，由此通过"农书"去理解"农学"：第一，通过对明人文集中的"一般性观察"，会发现农书有着"经世""技术""归隐"三个层面的指向；第二，通过对明代公私书目中的"分类性观察"，则可揭示明人的农书认识在官方与民间之间存有一定的差异；第三，通过对明代农书中的"专门性观察"，便能指出明代的农书观在"农桑"与"农艺"之外，还将"农政"纳入其中。

最后，基于以上的研究与思考，笔者认为中国传统农学体系并不仅仅局限在技术性层面。受"三才"理论与"重农"思想的影响，许多非技术性的内容也包含在传统农学之中。通过对古农书与古典书目的反思，可以发现传统农学存在技术、兴趣、政治三个不同的面向，而在这三个面向中，主体分别是农民、士人与官府。通过构筑以上这种农学体系，一方面有助于跳出西方科学视域下的"技术史"框架，从而整体把握古代农学知识；另一方面则可以挖掘农学知识的多重含义，由此揭示知识在不同文本、不同语境中的不同意义。

以上可以说是从目录学出发，归结到知识史、思想史或概念史的讨论。而在"下编"之中，本书则将重点从"古农学"转向"古农书"，通过个案研究的方式，基于文献学的方法，去具体解决一些实证层面的问题。

第一，笔者将关注两种经典农书——《农桑辑要》与《齐民要术》——的传承与流传问题。虽然《齐民要术》有无元代刊本目前尚有疑问。但是元人确实曾利用某种版本的《齐民要术》完成了《农桑辑要》的纂修。根据上海图书馆藏元刻《农桑辑要》卷五所引《齐民要术》的情况来看，元代中央政府所藏《齐民要术》当是来自北宋崇文院刻本系统，甚至有可能是北宋崇文院刻本的原本，而并非更接近其时代的南宋龙舒本《齐民要术》，更不可能引用某种别本《齐民要术》。

第二，笔者将关注一种在明代广为流传的农书——《墨娥小录》。目前有关这种古代科学技术文献的成书时间一直存有争议，大体可以分为"明后期说""明中期说""元末明初说"三种。而通过该文献内外的考证，可确定此书为元末之作，因此反映了元代而不是明代的农业技术知识。

第三，笔者将讨论一种中国国家图书馆藏的孤本农书——《树艺篇》。该农书为抄本，且无序无跋，始终未知其作者。但是其中有"士洵""允斋"二人的按语，由此可考订二者实际为同一人，即该书作者周士洵。另外，《树艺篇》的一大特点便是引书众多，据统计，该书一共引用了180种不同的古籍，这就为部分书籍的辑佚与校勘提供了线索。此外，笔者判定《树艺篇》与明代另一部重要农书《汝南圃史》之间存在着"祖孙"关系。

第四，笔者将接续前面对于《齐民要术》流传的讨论，考察其在明代流传的情况。然而，作为中国最重要的传统农书，该书在明代中期以前的流传其实非常有限。不仅刊刻极少，而且仅有的刊刻大多留存在"秘阁"之中。但是明中期以后，随着"侍御马直卿"所刻的"湖湘本"《齐民要术》问世，该书才广为流传开来，明人丛书《秘册汇函》《津逮秘书》，清人所刻《学津讨原》本、崇文书局本、渐西村社本，均以此"湖湘本"为底本校勘而成。但是学界对于具有存书之功的"侍御马直卿"则缺乏必要的了解，因此对于马氏生平的考证，有助于深化《齐民要术》的研究，也可以进一步理解刊刻农书其实是明代地方官员的善政行为。

在个案研究之后，笔者将在"外编"进一步对古农书的整理与研究提出反思。

一方面，考察古农书研究的历史进程。从整理角度来看，大部分重要的古农书都得到有效的搜集、编目、校勘与影印；从研究方面来看，前人对于古农书的研究形成了"科学技术史"的研究范式，主导了当时的中国农史研究。但是从21世纪开始，伴随着农史研究的"社会经济史"转向，古农书研究逐渐边缘化：一方面，它们不再作为"农业文化遗产"概念的核心，另一方面，它们也不再是农史学者主要依靠的史料。最近，一些学者开始从"知识史"角度重新解读古农书，他们更看重一种古农书及其负载的农学知识的生产与传播，这样一种研究取向可能会给古农书研究乃至农史研究带来新的活力与方向。

　　另一方面，同样从目录的角度思考古农书整理的问题。虽然农史学界历来有编纂古农书目录的传统，前辈学者的研究也已经取得了很大的成绩，但是仍有四个问题值得深究：第一，农书目录对于"农书"本身的定义不清；第二，不同农书目录对于收书范围的认识差异颇大；第三，农书目录在著录时的错误依旧广泛存在；第四，农书目录的著录体例亟待更新。

　　综上所述，本书以"古农学"与"古农书"为主要研究对象，既有围绕"古农学"发展变迁的主线式研究，也有个案式探讨不同"古农书"文献学问题。诚然，限于时间精力与笔者学识水平，书稿中肯定存在很多问题（故题名为"论稿"），在此诚恳地向各位专家老师求教，以助笔者进一步修订。此外，笔者对于"古农学"与"古农书"这两个研究对象仍有若干思考未见诸文字，希望以后有机会能进一步出版"续集"，与同志们分享研究过程中的心得。

目　　录

上　　编

下　编

附　编

目

录

上　编

第一章 唐宋农学观念的转变：
以官修书目为中心

　　农学在中国历史中并不是一个固定的概念。因此，不同时代农学观念的差异便值得探讨。而中国的古典目录在其"辨章学术，考镜源流"的功能之上，也是分类排比不同知识观念的重要手段。因此，古典目录中的分类与著录实际上反映了那一时代人对某一种知识的认识。[①] 也就是说，古人的农学观念亦可从古典目录中管窥一二。当然，彼时并没有"农学"这一概念，在古典目录中，"农学"即等同于"农家"。[②] 这一方面，已有学者利用目录学研究古农书的分类与著录，但是，这些研究并未认识到古典目录对古农书的分类其实蕴涵了时人对农学知识的理解，而且这些研究多概括而言之，未能探讨某一特定时段的农书分类的变化趋势。[③] 另一方面，潘晟最近利用宋代目录对宋代地理学知识的变动进行了研究，揭示出唐宋之间地理学观念所发生的变化。[④] 由此，可推而探讨的问题是：唐宋之间的农学观念又是否发生了变化？

---

　　① 正如褚孝泉认为："图书目录学其实并不只是一门技术性工作，它直接表现了特定知识形态的知识结构。"参见褚孝泉：《中国传统学术的知识形态》，《中国文化研究》1996 年冬之卷。

　　② 曾雄生：《中国农学史（修订本）》，福州：福建人民出版社，2012 年，第 12~13 页。

　　③ 这些研究主要包括：陈敏：《我国古农书目录演变之轨迹》，《安徽农业科学》2009 年第 37 卷第 28 期；王向辉：《从〈隋书·经籍志〉看唐朝以前的农学著作》，《安徽农业科学》2008 年第 36 卷第 1 期；袁新芳：《古代农书目录学渊源考》，《安徽农业科学》2011 年第 39 卷第 23 期；张玲：《中国古农书的分类与著录》，《山东省农业管理干部学院学报》2011 年第 6 期；等等。

　　④ 潘晟：《中国古代地理学的目录学考察（三）——两宋公私书目中的地理学》，《中国历史地理论丛》2008 年第 2 期。另可见潘氏著：《宋代地理学的观念、体系与知识兴趣》，北京：商务印书馆，2014 年。

·3·

基于以上考量，笔者试图利用唐至北宋时期的官修目录为基本史料，深入分析这些目录中农书的分类与著录的变化，以此来勾勒出唐宋时期农学观念的发展历程。因此，笔者的分析将着重于农书分类的差异与趋势，这也就表明了那些始终存在于古典书目"农家"类的农书与某些单独"错位"的农书将不在分析的重点之中。

第一节　唐代农学观念的扩大

现存唐代官修的首部书目是《隋书·经籍志》（下文简称《隋志》），它同时也是现存第二古的史志书目。一般认为，成书于唐代贞观年间的《隋志》是按之前一个"旧录"为基础进行修撰的，其序云："其旧录所取，文义浅俗，无益教理者，并删去之。其旧录所遗，辞义可采，有所弘益者，咸附入之。"[①] 有学者认为这一"旧录"是隋代旧有的书目，也有学者认为是唐初所撰之目录。[②] 然而不论《隋志》的底本产于何时，可以确定的是此史志目录基本反映了隋唐之际主流观念中的知识分类形态。

与《汉书·艺文志》（下文简称《汉志》）的分类方法不同，《隋志》"今考见存，分为四部"，[③] 采取了四部分类法。本章所要探讨的农学文献集中收录在《隋志》的子部农家类，且仅有 5 部，共 19 卷，另有 4 部农书亡佚，各 1 卷，[④] 现简列于表 1-1。

据表 1-1 可知，《隋志》收录的农书涉及了种植、时令、畜养等多个方面，这与《隋志》农家类小序所言——"农者，所以播五谷、艺桑麻，以供衣食也"——基本吻合。[⑤] 而从《汉志》农家类小序有言："农家者流，盖出

---

① （唐）魏徵等：《隋书》卷三十二《经籍一》，北京：中华书局，1997 年，第 908 页。

② 相关争论参见张固也：《〈隋书·经籍志〉所据旧录新探》，《古籍整理研究学刊》1998 年第 3 期。

③ （唐）魏徵等：《隋书》卷三十二《经籍一》，北京：中华书局，1997 年，第 908 页。

④ （唐）魏徵等：《隋书》卷三十四《经籍三》，北京：中华书局，1997 年，第 1010 页。

⑤ （唐）魏徵等：《隋书》卷三十四《经籍三》，北京：中华书局，1997 年，第 1010 页。

于农稷之官，播百谷、劝耕桑，以足衣食"，[1] 可见汉唐之间农学观念几乎没有变化。另从数量上来看，以所存农书 5 部 19 卷农书为基准，《隋志》农家类所收农书按部计算仅为《隋志》子部 853 部书籍的 0.59%，而按卷计算也仅占子部 6 437 卷书籍的 0.29%。[2] 在《汉志》中，农家类共著录 9 家 124 篇，按家计算占《汉志》全部 596 家的 1.5%，按篇计算则占全部 13 269 篇的 0.93%。[3] 以上数据表明，农书在后出的《隋志》中所占的比例反而下降了许多。因此，上文的论述在一定程度上既说明了初唐农学观念与之前相比变化不大，也揭示了当时农书的贫乏。

表 1-1 《隋志》子部农家类所见农书表[4]

存	亡
《氾胜之书》二卷	《陶朱公养鱼法》
《四人月令》一卷	《卜式养羊法》
《禁苑实录》一卷	《养猪法》
《齐民要术》十卷	《月政畜牧栽种法》
《春秋济世六常拟议》五卷	

根据汪辟疆在其著《目录学研究》中所列"汉唐以来目录统表"可统计出有唐一代，官修书目共有 8 种，史志书目有 1 种，而私家书目共有 3 种。[5] 但是，以上书目除《隋志》外均已亡佚。唯有《旧唐书·经籍志》（下文简称《旧唐志》）"全抄自《古今书录》，但去其小序论释耳"，[6] 即基本上

---

① （东汉）班固：《汉书》卷三十《艺文志》，北京：中华书局，1962 年，第 1743 页。

② 有关《隋志》实际著录的书目，学界历有争议，详见王炜民：《〈隋书·经籍志〉著录书目考》，《阴山学刊（哲学社会科学版）》1991 年第 1 期。这里暂不涉及这些争议，仅以《隋志》中自标明著录数量为准，详见（唐）魏徵等：《隋书》卷三十四《经籍三》，北京：中华书局，1997 年，第 1050 页。

③ 这里有关《汉志》中所录书籍中，仍以《汉志》自标明的数量为准。详见（东汉）班固：《汉书》卷三十《艺文志》，北京：中华书局，1962 年，第 1781 页。

④ （唐）魏徵等：《隋书》卷三十四《经籍三》，北京：中华书局，1997 年，第 1010 页。

⑤ 汪辟疆：《目录学研究》，上海：华东师范大学出版社，2000 年，第 66~91 页。

⑥ 余嘉锡：《目录学发微》，北京：商务印书馆，2011 年，第 123 页。

是将中唐毋煚所撰《古今书录》转录而成，而《古今书录》又是中唐官修书目《群书四部录》的改编，毋煚自序云："改旧日传失者，三百余条，加新书之目者，六千余卷"。① 因此《旧唐志》在一定程度上为我们保存了一份中唐时期的书目，可谓："录开元盛时四部诸书，以表艺文之盛"，② 这也就为我们考察中唐时期的农学观念提供了线索。既然成书于五代的《旧唐志》基本照抄了《古今书录》的分类与著述，那么，尽管《旧唐志》并未增加开元以后的藏书于其中，但也或可认为晚唐五代对中唐形成的知识分类体系并无异议。

《旧唐志》的分类情况与《隋志》并无太大差异，但是《旧唐志》子部农家类所著录的农书却明显增加，除《隋志》所录《春秋济世六常拟议》5卷未载之外，《隋志》所载其余4部农书全部收入《旧唐志》农家类，另又多录入农书15部，兹列于表1-2。

表1-2 《旧唐志》子部农家类所见农书表③

书名	《隋志》农家类见否	书名	《隋志》农家类见否
《氾胜之书》	见	《鹰经》	否
《四人月令》	见	《蚕经》	否
《齐民要术》	见	《相马经》	否
《竹谱》	否	（《相马经》）又二卷	否
《钱谱》	否	（《相马经》）又二卷	否
《禁苑实录》	见	《相马经》	否
《种植法》	否	《相牛经》	否
《兆人本业》	否	《养贝经》	否
《相鹤经》	否	《养鱼经》	否
《鸷击录》	否		

① （后晋）刘昫等：《旧唐书》卷四十六《经籍上》，北京：中华书局，1975年，第1965页。
② （后晋）刘昫等：《旧唐书》卷四十六《经籍上》，北京：中华书局，1975年，第1963页。
③ （后晋）刘昫等：《旧唐书》卷四十七《经籍下》，北京：中华书局，1975年，第2035页。
另，以上"《隋志》农家类见否"一栏，以《隋志》农家类所著录实存农书为准，不涉《隋志》农家类所另录亡佚的农书。

先从数量上进行分析：按《旧唐志》所载"右农家二十部，凡一百九十卷"① 这一数据与《旧唐志》子部所收"七百五十三部，书一万五千六百三十七卷"② 这一数据进行计算可得中唐时期农书按部计算占子部书籍的 2.6%，而按卷计算则占子部书籍的 1.2%。相较于前引《隋志》所载农书占子部各类书籍的比率（0.59% 与 0.29%），《旧唐志》中的农书数量和所占的比例都大大增加了。同时，农书数量的增加也反映了中唐农学观念的扩大。从上表可以明显看出有两类农书的增加值得注意：一类是谱录类农书，如《竹谱》《钱谱》；另一类是相畜类农书，如《相马经》《相牛经》，等等。这两类农书在《隋志》农家类均无著录，而其余农书多为量上的增加，而非质上的变化。另一方面，谱录类与相畜类农书其实也被著录于《隋志》中，只不过不在子部农家类。其中，谱录类农书被著录于《隋志》史部谱系类下，③ 而相畜类农书则全部著录于子部五行类下。④ 也就是说，在初唐，谱录类与相畜类农书并未进入时人的农学观念之中。因此，《旧唐志》将以上两类农书著录于子部农家类下说明了中唐农学观念在"纪播植种艺"的基础上有所扩大。⑤

接下来的问题是，中唐所发生的这一农学观念的扩大是突变还是渐变的呢？笔者认为是渐变形成的。因为重新考察《隋志》史部谱系类与五行类就会发现两处重要线索：第一，《隋志》谱系类小序只言"氏姓之书"而不及"钱""竹"，⑥ 同时，五行类小序也只是在最后提点了一下"冯相"；⑦ 第二，谱录类农书与相畜类农书分别排在《隋志》谱系类与五行类书目的最末尾处。以上两点表明，谱录类与相畜类农书在《隋志》的分类安排中已经不相适应

---

① 查《旧唐志》子部农家类实有农书 19 部，此处为计算方便仍按《旧唐志》自标明所著录农书数量为准。详见（后晋）刘昫等：《旧唐书》卷四十七《经籍下》，北京：中华书局，1975 年，第 2035 页。

② （后晋）刘昫等：《旧唐书》卷四十七《经籍下》，北京：中华书局，1975 年，第 2023 页。

③ （唐）魏徵等：《隋书》卷三十三《经籍二》，北京：中华书局，1997 年，第 990 页。

④ （唐）魏徵等：《隋书》卷三十四《经籍三》，北京：中华书局，1997 年，第 1039 页。

⑤ （后晋）刘昫等：《旧唐书》卷四十六《经籍上》，北京：中华书局，1975 年，第 1963 页。

⑥ （唐）魏徵等：《隋书》卷三十三《经籍二》，北京：中华书局，1997 年，第 990 页。

⑦ （唐）魏徵等：《隋书》卷三十四《经籍三》，北京：中华书局，1997 年，第 1039 页。

了，它们分别排在各自所属分类的末尾，正好为它们脱离谱系类与五行类而进入农家类奠定了基础。

综上所述，唐代的农学观念在中唐时期便发生了一定的变化。其中最为突出的便是谱录类与相畜类农书被纳入时人的农学观念之中。而且，这一变化亦非"突变"，乃是承续发展的结果。那么，这一农学观念扩大的趋势在北宋有无继承呢？下文将通过对北宋书目中所见农学观念的探讨来回答这一问题。

第二节　北宋农学观念的新动向

北宋的官修书目基本可分为两大类：官修馆阁书目与官修史志书目。① 根据白金的统计，有宋一代官修馆阁书目共有 18 种，然而，这些书目基本都已亡佚。② 就北宋的情况来看，仅有《崇文总目》尚有清人所辑录的本子。而官修史志目录方面，虽然宋朝编修有多部《国史艺文志》，但是，这些书目也全部散佚，唯有《新唐书·艺文志》（下文简称《新唐志》）尚保存宋代唯一一部现存的史志目录。宋代私修书目据白金的统计共有 34 种，但是，除了南宋时期的《郡斋读书志》《遂初堂书目》《直斋书录解题》3 部存世外，其余无一现存，因此，北宋私修书目现已不可考。③ 这也就说明了，从古典目录对北宋农学观念进行探讨依旧仅能依靠部分官修的书目。

首先来探讨《新唐书·艺文志》所显的农学观念。

《旧唐志》虽成书于五代，但据前揭所示实为中唐书目，其所著录的书籍也仅限于开元之前：

　　　　天宝以后，名公各著文章，儒者多有撰述，或记礼法之沿革，或裁国

---

① 学界一般将古典书目分为三类，即官修书目、史志书目与私修书目，如在前引汪辟疆所著之"汉唐以来目录统表"中即分为"官书目录表""私家目录表""史志目录表"三种，但是史志目录实际亦为官修书目，而宋代官修目录多为馆阁藏书之目录，因此，本章为了以示区分，将官修书目称为"官修馆阁书目"，史志书目称为"官修史志书目"。

② 白金：《北宋目录学研究》，北京：人民出版社，2014 年，第 71 页。

③ 白金：《北宋目录学研究》，北京：人民出版社，2014 年，第 112~113 页。

史之繁略，皆张部类，其徒实繁，臣以后出此之书，在开元四部之外，不欲杂其本部，今据所闻，附撰人等传，其诸公文集，亦见本传，此并不录。[①]

而《新唐志》则继续著录了开元以后唐人的著述，并通过标显"著录"与"不著录"以区分开元以后的唐人论著。但是，《新唐志》虽著录的皆为唐代所存书籍，但其书目的分类与著录实际上反映了宋人的知识观念。

就农书来看，《新唐志》子部农家类共"著录"了"十九家二十六部，二百三十五卷""不著录十一家，六十六卷"。[②] 也就是说，通计"著录""不著录"，《新唐志》共载农书30家301卷。从数据上看，《新唐志》所载农书共占子部22 767卷书的1.3%，[③] 此数据与前揭《旧唐志》中子部农书所占比例（1.2%）接近。那么，从内容上看，《新唐志》所显的农学观念又有无发生变化呢？

与《旧唐志》相比，《新唐志》中"著录"的农书共增加了5部，分别是：《范子计然》《尹都尉书》、宋凛《荆楚岁时记》、杜公赡《荆楚岁时记》、杜台卿《玉烛宝典》。[④] 其中《范子计然》以《范子问计然》名见于《旧唐志》子部五行家类，[⑤] 两部《荆楚岁时记》与《玉烛宝典》则同见《旧唐志》子部杂家类，[⑥] 而《尹都尉书》则《旧唐志》与《隋志》均未见，但见于《汉志》农家类。[⑦] 因此，《新唐志》所收《尹都尉书》是否为伪书并不重要，重要的是由于《尹都尉书》在《汉志》中即被纳入农家范畴，因此它重现于《新唐志》便并非宋代农学观念发生变化的结果。另一方面，《范子计然》亦

① （后晋）刘昫等：《旧唐书》卷四十六《经籍上》，北京：中华书局，1975年，第1966页。

② （北宋）欧阳修等：《新唐书》卷五十九《艺文三》，北京：中华书局，1975年，第1539页。

③ 《新唐志》子部"著录"书籍：17 152卷；"不著录"书籍：5 615卷；合计为22 767卷。参见（北宋）欧阳修等：《新唐书》卷五十九《艺文三》，北京：中华书局，1975年，第1509页。

④ （北宋）欧阳修等：《新唐书》卷五十九《艺文三》，北京：中华书局，1975年，第1537～1539页。

⑤ （后晋）刘昫等：《旧唐书》卷四十七《经籍下》，北京：中华书局，1975年，第2043页。

⑥ （后晋）刘昫等：《旧唐书》卷四十七《经籍下》，北京：中华书局，1975年，第2034页。

⑦ （东汉）班固：《汉书》卷三十《艺文志》，北京：中华书局，1962年，第1743页。

为佚书，就当前的辑本看来，此书也非专门农学性质的书，① 但是，考虑到前一部分有言中唐存在着一次农学观念的扩大，因此，或可认为《范子计然》纳入《新唐志》农家类是此次农学观念扩大的影响。真正值得注意的是两部《荆楚岁时记》与《玉烛宝典》进入农家类。这3本书均为岁时类农书。而《新唐志》"不著录"的11部农书中，除了王方庆的《园庭草木疏》与李淳风的《演齐民要术》外，剩下9部均为岁时类的农书，参见表1-3。

表1-3 《新唐志》子部农家类"未著录"农书表②

《园庭草木疏》	《千金月令》	《演齐民要术》	《金谷园记》
《四时记》	《乘舆月令》	《月令图》	《秦中岁时记》
《保生月录》	《四时纂要》	《岁华纪丽》	

以上"未著录"的岁时类农书，加上《新唐志》"著录"的岁时类农书中的3部，共11部，占整个《新唐志》农家类全部37部农书的29.7%。而在《旧唐志》中岁时时令类农书仅有《四民月令》1部，仅占全部19部农书的5.26%。此外，《四民月令》其实和后出的若干岁时类农书有着性质上的不同。有学者指出，月令本身代表了"王官之时"，规范的是"王官活动"，而《四民月令》则代表了"世族庄园生活"的记述，只有岁时记体现了一种"民众时间观念"。③ 因此，我们可以认为记录普通百姓生活的岁时类农书大举进入《新唐志》农家类是北宋初期农学观念的一大变化。

但是，这一变化是否只是《新唐志》的特例呢？在北宋自编的《国史艺文志》中又是否有反映呢？遗憾的是北宋虽然编辑了多部《国史艺文志》，所

---

① 有关《范子计然》的辑佚情况，可参见赵九洲：《古农书〈范子计然〉散佚时间与辑佚情况考订》，《农业考古》2013年第1期。

② （北宋）欧阳修等：《新唐书》卷五十九《艺文三》，北京：中华书局，1975年，第1538~1539页。

③ 萧放：《〈荆楚岁时记〉研究：兼论传统中国民众生活中的时间观念》，北京：北京师范大学出版社，2000年，第160~161页。

谓"宋时国史凡四修。每修一次，辄有《艺文志》，其分类皆有小序"，① 但是现在均已亡佚，不过，通过《文献通考》《玉海》的部分记载还是能了解北宋《国史艺文志》的部分情况，而且清末赵士炜曾将北宋《三朝国史艺文志》《两朝国史艺文志》《四朝国史艺文志》合辑为《宋国史艺文志》刊行，这些都为我们的考察提供了部分帮助。②

现在北宋各部《国史艺文志》所著录的书籍已经不可考。但是，《文献通考》中却记录了《三朝志》《两朝志》《四朝志》在子部农家类所著录的农书的部书与卷书。据载，《三朝志》著录了农书32部、213卷，《两朝志》著录了农书12部、47卷，《四朝志》则著录了农书19部、33卷。③ 据《宋史·艺文志》记述，北宋《国史艺文志》的著录规则是："《三朝》所录，则《两朝》不复登载，而录其所未有者，四朝于两朝亦然。"④ 因此，《两朝志》与《四朝志》只是增补了《三朝志》所录的农书。而《新唐志》所著录的农书据前揭共37部、301卷。这一数字高于《三朝志》所录农书，但是从农书"部"数来看，却低于《三朝志》与《两朝志》之和（44部），⑤ 而从农书"卷"数看则仍高于以上两史志目录之和（260卷）。⑥ 且《新唐志》成书于北宋仁宗年间，位于《三朝志》与《两朝志》撰述之间，因此，如果《三朝志》与《两朝志》著录农书与《新唐志》差别不大的话，《三朝志》与《两朝志》所录农书之和应该大于等于《新唐志》所录农书。从以上数据来看，虽然卷数方面存在差异，但是再结合"部"数来看《新唐志》所收的农书数量与《三朝志》和《两朝志》所收的农书数量大体相当（即37部301卷与44部260卷）。也就是说，《新唐志》子部农家类所收录的农书应该就反映了北

---

① 余嘉锡：《目录学发微》，北京：商务印书馆，2011年，第132页。
② "三朝"指的是宋太祖、太宗、真宗三朝，"两朝"指的是宋仁宗、英宗两朝，"四朝"指的是宋神宗、哲宗、徽宗、钦宗四朝。
③ （南宋）马端临：《文献通考》卷二百一十八《经籍考四十五》，北京：中华书局，1984年，第1773页。
④ （元）脱脱等：《宋史》卷二百二《艺文一》，北京：中华书局，1985年，第5033页。
⑤ 前载《三朝志》农书三十二部，《两朝志》农书十二部，合为四十四部。
⑥ 前载《三朝志》农书二百一十三卷，《两朝志》农书四十七卷，合为二百六十卷。

宋《国史艺文志》所收录的农书。

以上是从数量上进行的推测，而从内容上来看，《文献通考》引了北宋《三朝志》于农家类前的一段序文，该序文云："岁时者，本于敬授平秩之义；殖物、宝货、著谱录者亦佐衣食之源，故咸见于此。"① 也就是说，岁时类与谱录类农书应该是著录于北宋《国史艺文志》的农家类的。另从现存辑本《宋国史艺文志》子部农家来看，以上序文所言非虚，且看表1-4。

表1-4 《宋国史艺文志》子部农家类所见农书表②

《齐民要术》	《劝农奏议》	《土牛经》	《钱录》
《钱宝录》	《古今泉货图》		

虽然上表所见辑本《宋国史艺文志》仅存录农书6部，但确实有《三朝志》小序所云的"殖物""宝货"书籍，如《钱宝录》《古今泉货图》，那么，岁时、谱录类书籍也就应该被录于《国史艺文志》的农家类，只不过辑本因为资料所限，没有将其书目录入。另一方面可提供证据的是元朝所修的《宋史·艺文志》，该志虽为元人所修，实则是将宋代自修的诸本《国史艺文志》"删其重复，合为一志"，③ 因此该史志目录多少反映了宋代《国史艺文志》的书籍分类与著录情况，而《宋史·艺文志》子部农家类共收录了农书"一百七部，四百二十三卷"，④ 内容上除了传统的"播植种艺"的农书之外，也收录了大量谱录类与岁时类农书。⑤

以上通过对北宋《国史艺文志》农家类所录农书的数量和内容的考察之后，便可推定《新唐志》所反映的农学观念的扩大，尤其是岁时类农书大举

---

① （南宋）马端临：《文献通考》卷二百一十八《经籍考四十五》，北京：中华书局，1984年，第1773页。

② （清）赵士炜辑：《宋国史艺文志》，《书目类编》第2册，台北：成文出版社，1978年，第659页。

③ （元）脱脱等：《宋史》卷二百二《艺文一》，北京：中华书局，1985年，第5033~5034页。

④ （元）脱脱等：《宋史》卷二百五《艺文四》，北京：中华书局，1985年，第5207页。

⑤ 相关内容参见（元）脱脱等：《宋史》卷二百五《艺文四》，北京：中华书局，1985年，第5203~5207页。

进入农学的范畴并不是一个特例，而是北宋官修史志目录所共同反映的一个内容。但是，史志目录并不是北宋官方所修目录的全部。以下将要探讨的北宋官修馆阁书目所反映的农学观念却与以上史志目录所显示的农学观念完全相反。这也就为北宋农学观念的变化提供了另一层线索。

虽然我们已经看不到除《崇文总目》的辑本以外的其他现存的北宋官修馆阁书目，但是《玉海》却保留了一份《龙图阁六阁书目》的二级类目。现简列于表1-5。

表1-5　北宋《龙图阁六阁书目》类目表①

一级目录	二级目录								
经典	正经	经解	训诂	小学	仪注	乐书			
史传	正史	编年	杂史	史抄	故事	职官	传记	岁时	刑法
	谱牒	地理	伪史						
子书	儒家	道书	释书	子书	类书	小说	算术	医书	
文集	别集	总集							
天文	兵书	历书	天文	占书	六壬	遁甲	太一	气神	相书
	卜筮	地里	二宅	三命	选日	杂录			
图画	古画上中品		新画上品		古贤墨迹				

以上值得注意的是农家不见于《龙图阁六阁书目》，但在"子书"下又有"子书"类可以推测农家应为子书部子书类的三级目录。另一点需要注意的是，史传部出现岁时类这一二级目录，这是中国古典目录中首次出现岁时这一小类。那么，这一二级目录的出现应该意味着在《新唐志》子部农家类的大量岁时类农书，在《龙图阁六阁书目》的分类中与农家脱离，而被安排在新的岁时类之下。但是，《龙图阁六阁书目》仅有此二级目录存世，不能为我们提供更多的证据，我们也就不能确定在北宋官修的馆阁书目中，农学观念又面

---

① （南宋）王应麟：《玉海》卷五十二，《景印文渊阁四库全书》第944册，台北：商务印书馆，1987年，第411页。

临着怎样的洗牌。而辑本《崇文总目》或多或少保存了一个北宋官修馆阁书目的原始范本。因此，下面的探讨就以《崇文总目》为中心进行。

据载，《崇文总目》成书于1041年，与成书于1060年的《新唐志》仅相差不到20年，且都在北宋仁宗朝时完成修撰。但是，《崇文总目》所反映的农学观念却大不相同。首先来看一下《崇文总目》类目情况（表1-6）。

表1-6 《崇文总目》类目表①

一级目录	二级目录							
经	易	书	诗	礼	乐	春秋	孝经	论语	小学
史	正史	编年	实录	杂史	伪史	职官	仪注	刑法	地理
	氏族	岁时	传记	目录					
子	儒家	道家	法家	名家	墨家	纵横	杂家	农家	兵家
	小说	类书	算术	历书	艺术	医师	卜筮	天文	五行
	道书	释书							
集	别集	总集	文史						

以上可见，虽然《崇文总目》号称"仿开元四部录为之"，② 但是其对知识的分类的看法却与《旧唐志》所保留下来的唐代目录仍有一定差异。就农学知识来看，《崇文总目》因循了《龙图阁六阁书目》，在史部下另设岁时类，将《新唐志》中著录于农家类下的岁时类农书通通转录至此。根据清人所辑的《崇文总目》可知在史部岁时类下共著录了书籍"十五部、计四十卷"，③ 为了方便讨论，现将这15部农书列于表1-7。

---

① （北宋）王尧臣等编次，（清）钱东垣等辑释：《崇文总目》卷首《目录》，《丛书集成初编》第21册，北京：中华书局，1985年，第1~10页。

② （北宋）王尧臣等编次，（清）钱东垣等辑释：《崇文总目》卷首《小引》，《丛书集成初编》第21册，北京：中华书局，1985年，第1页。

③ （北宋）王尧臣等编次，（清）钱东垣等辑释：《崇文总目》卷二，《丛书集成初编》第21册，北京：中华书局，1985年，第103页。

表 1-7　《崇文总目》史部岁时类著录表①

书名	《新唐志》农家类见否	书名	《新唐志》农家类见否
《国朝时令》	否	《四时总要》	否
《荆楚岁时记》	见	《四时录》	否
《孙氏千金月令》	见	《秦中岁时记》	见
《保生月录》	见	《周书月令》	否
《金谷园记》	见	《月令小疏》	否
《时鉴新书》	否	《十二月纂要》	否
《四时纂要》	见	《齐人月令》	见
《岁华纪丽》	见		

　　以上表照应前所引《新唐志》可见，《崇文总目》岁时类所著录的书籍至少有一半曾见于《新唐志》，这也就可以断定《龙图阁六阁书目》与《崇文总目》的史部岁时类设定确为使岁时类农书自成体系，脱离子部农家类。那么，《崇文总目》又是如何鉴定农家的呢？在此目录农家类有一段小序，其言：

　　　　农家者流，衣食之本原也。四民之业，其次曰农。稷播百谷，勤劳天下，功炳后世，著见书史。孟子聘列国，陈王道，未始不究耕桑之勤。汉兴，劝农勉人，为之著令。今集其树艺之说，庶取法焉？②

而《崇文总目》子部农家类所收农书亦不出上述定义之外，仅有 8 部 24 卷，现列于表 1-8。

　　① （北宋）王尧臣等编次，（清）钱东垣等辑释：《崇文总目》卷二，《丛书集成初编》第 21 册，北京：中华书局，1985 年，第 103~104 页。
　　② （北宋）王尧臣等编次，（清）钱东垣等辑释：《崇文总目》卷三，《丛书集成初编》第 22 册，北京：中华书局，1985 年，第 147~148 页。

上
编

表 1-8 《崇文总目》子部农家类著录表①

《齐民要术》	《兆人本业》	《山居要术》
《大农孝经》	《农家切要》	《农子》
《淮南王蚕经》	《孙氏蚕书》	

以上可见，相较于《新唐志》,《崇文总目》除了将岁时类农书独立出来之外，还将谱录类农书与畜养、相畜类农书排斥在农家外。而《崇文总目》并非没有著录这些类型的书籍，而是著录在了其他地方：谱录类农书全部著录于子部小说类下,②而相术类书籍则著录在了子部艺术类之下。③由此可知,《崇文总目》中所表露出的农学观念更加的专业化，基本只收录农学专业性很强的农书，且从上引小序来看,《崇文总目》对农家或农学的理解着眼于"衣食"二字。如此一来，广记一年活动的岁时类书籍、辨识良禽与否的相书以及文人闲暇之作的谱录也就不会收录在农家类了。

综上所述，北宋时期的农学观念至少有两种全然不同的认识取向：一是以《新唐志》为代表的史志目录承袭了中唐以来农学观念扩大的趋势，进一步将岁时类农书纳入农家之内；二是以《崇文总目》为代表的馆阁目录则更着眼于农学的专业化，将中唐以来逐步纳入农学范畴的岁时、相畜、畜养、谱录等类型的农书全部排斥在了农家之外。

从古典书目角度看，唐代到北宋的农学观念是不断变化的。而这一变化虽然来自不同书目的分类认识的差异，但却不可认为唐宋时期时人对农书的分类是杂乱且缺乏条理的。总体而言，通过以上对唐北宋时期官修目录的分析，仍能从中梳理出一条农学观念在唐宋时期发展的轨迹。因此，回顾全文，有以下

---

① （北宋）王尧臣等编次,（清）钱东垣等辑释:《崇文总目》卷三,《丛书集成初编》第 22 册,北京：中华书局,1985 年,第 146~147 页。

② （北宋）王尧臣等编次,（清）钱东垣等辑释:《崇文总目》卷三,《丛书集成初编》第 22 册,北京：中华书局,1985 年,第 162~164 页。

③ （北宋）王尧臣等编次,（清）钱东垣等辑释:《崇文总目》卷三,《丛书集成初编》第 22 册,北京：中华书局,1985 年,第 194~195 页。

几点特别值得注意：

第一，唐宋时期农学观念的变化是经过多次发展的，而不是一蹴而就的。至少，从本章来看，农学观念在中唐与北宋中期经历了两次变化。

第二，农学观念在北宋的变化不是线性的，而是多元的。北宋官修史志目录与官修馆阁目录分别代表了两种时人的农学观念。这种农学观念的冲突，在一定程度上暗示了宋代农学知识的扩大化与专业化的矛盾。

第三，关于岁时类农书在北宋官修馆阁目录中被单独置于史部之下这一点值得注意。简单地说，这是因为岁时类书籍数量上的膨胀与性质上的改变所致：一方面，岁时类书籍从《隋志》中的 1 部，膨胀到《新唐志》中的 11 部、《崇文总目》中的 15 部，这在农家类中大有超过传统"播植种艺"的农书的趋势；另一方面，由于唐宋社会经济的发展，岁时类书籍所载的内容越来越广，即南宋陈振孙所言的"不专农事也。"① 因此，岁时类书籍在北宋官修馆阁书目中脱离农家类而别置一处是有一定道理的，它反映了唐宋社会生活的日益多样化与复杂化。但是，以上的解释只是回答了岁时类书籍脱离农家类的原因，却未能回答岁时类为何被置于史部之下，关于这一问题，笔者愿作如下推测：在四部分类法中，史部下辖的小类并非全然是今人所理解的历史，地理、刑法、职官等关于治国之术的书籍亦被整理在史部之下。据《崇文总目》史部岁时类小序云：

> 《传》曰：'民生在勤，勤则不匮。'故尧、舜南面而治，考星之中，以授人时，秋成春作，教民无失。《周礼》六《官》亦因天地四时，分其典职。然则天时者，圣人所重也。自夏有《小正》，周公始作《时训》，日星气节，七十二候，凡国家之政，生民之业，皆取则焉。孔子曰：'吾不如老圃。'至于山翁野夫耕桑、树艺、四时之说，其可遗哉？②

---

① 陈振孙原文为："前史时令之书，皆入子部农家类，今案诸书，上自国家典礼，下及里闾风俗，悉载之，不专农事也。"参见（南宋）陈振孙：《直斋书录解题》，《景印文渊阁四库全书》第 674 册，台北：商务印书馆，1986 年，第 647 页。

② （北宋）王尧臣等编次，（清）钱东垣等辑释：《崇文总目》卷二，《丛书集成初编》第 21 册，北京：中华书局，1985 年，第 104 页。

此小序对比前引《崇文总目》农家类小序可发现二者均提及"耕桑""树艺",等等,但是岁时类小序对于"圣人""授时""国家之政"的强调是农家类小序所没有的。这也就可以推论:岁时类单独列于史部之下或许并非学术认识的结果,而是政治权力的操弄。毕竟,如果说地理类的设立表明了一种权力对空间的控制,那么,岁时类设立也必然含有权力对时间控制的意味。

第二章 南宋农学观念的演进：
以官私书目为中心

唐宋时期，农学观念发生了一定的变化。从唐至北宋的官修书目所著录的农书来看，农学或农家，经历了一个知识观念不断扩大的过程。从《隋书·经籍志》到《旧唐书·经籍志》《新唐书·艺文志》，农学在"播植种艺"的基础之上，逐渐将谱录、畜养、岁时等类型的农书相继纳入自身的范畴中。但是，这一趋势仅在北宋的史志目录中得到继承与发展，而在北宋的官修馆阁目录中，农学观念却变得更加狭隘：一方面，岁时类农书被单列于史部之下；另一方面，谱录、畜养、相畜等类型的农书也被排斥在农家之外。因此，唐至北宋的农学观念的转变在北宋呈现出两种发展方向。面对这两种矛盾的认识，笔者的追问是：

第一，北宋所形成的两种全然对立的农学观念是否在之后的观念史发展中出现了融合的趋势？

第二，以上两种农学观念均为官修目录所反映的情况，那么，私修目录中的农学观念又是如何呢？

这两个问题迫使笔者将研究的中心转移至南宋时期，因此，本章将以南宋时期的官私目录为中心，检讨以上提出的两个问题。

首先来简要地介绍一下南宋时期官私目录的整体情况。尽管有宋一代官方修撰的馆阁目录达 18 部之多，但无一现存。① 就南宋的情况看，仅有《秘书省续编到四库阙书目》与《中兴馆阁书目》尚有较为可靠的辑本。至于私修目录，则仅有《郡斋读书志》《遂初堂书目》与《直斋书录解题》3 本存世。以上便构成了本章所要探讨的南宋书目中所见农学观念的基本史料。当然，郑樵所撰《通志·艺文略》亦可算作一种史志书目，但是，由于该书目虽为史志目录却为私人专修，且 "《艺文略》不是纪一代藏书之盛，也不是纪一代著作的，而是 '纪百代之有无'"，② 这两点造成了《通志·艺文略》具有较为复杂的背景，故在本章中暂不作讨论。

第一节　南宋官修目录所见农学观念的融合

虽然经历了南渡的书籍丧乱，但据《宋史·艺文志》云：

高宗移跸临安，乃建秘书省于国史院之右，搜访遗阙，屡优献书之赏，于是四方之藏，稍稍复出，而馆阁编辑，日益以富矣。③

可见南宋的官方书籍收藏恢复得很快，但是，南宋的官修书目目前仅《秘书省续编到四库阙书目》（下文简称《四库阙书目》）的辑本和《中兴馆阁书目》的辑本尚可见，因此，此部分的考察将以时间顺序先后探讨两种书目中所反映的农学观念。

首先来看《四库阙书目》的情况。

虽然学界目前对《四库阙书目》的成书时间颇有争议，④ 但是，无论其真实的成书年代是在北宋末年，还是一般认为的南宋绍兴年间，这都无损于其代表了南宋初期或者说两宋之交官方的知识分类与认识。虽然现存清人叶德辉的辑本去宋已远，但据叶氏云："余得丁氏迟云楼抄本，多讹误，然于宋讳缺避

---

① 北宋官修目录目前可见的仅为辑本《崇文总目》。相关内容参见白金：《北宋目录学研究》，北京：人民出版社，2014 年，第 71 页。

② 王重民：《中国目录学史论丛》，北京：中华书局，1984 年，第 142 页。

③ （元）脱脱等：《宋史》卷二百二《艺文一》，北京：中华书局，1985 年，第 5033 页。

④ 相关争论参见张固也，王新华：《〈秘书省续编到四库阙书目〉考》，《古典文献研究》第十二辑。

及脱烂空白之处皆无所改移，是知其书传授自古，必有依据。"① 如此可见，在没有更好的版本出现前，利用叶氏的辑本考察《四库阙书目》仍不失为一个较好的选择。据该本所录，各经史子集四部的分类详见表2-1。

表2-1 《秘书省续编到四库阙书目》类目表②

一级目录	二级目录								
经类	易	书	诗	礼	乐	春秋	孝经	论语	小学
史类	正史	编年	宝录	杂史	伪史	职官	仪注	刑法	地理
	谱牒	故事	岁时	传记	目录				
集类	别集	总集							
子类	儒家	道书	释书	子书	类书	小说	天文	算术	历算
	兵书	杂家	农家	艺术	医书	五行	阴阳	命术	相法
	葬书								

以上可见，《四库阙书目》虽然没有完全继承《崇文总目》等北宋官修馆阁书目的分类方法，但是，从农学角度看，《四库阙书目》仍然将岁时一栏单独置于史部之下。不过，在《四库阙书目》的岁时类下仅著录了一本书：《月鉴》。③ 这固然是因为现存《四库阙书目》的辑本性质造成的。然而，值得注意的是在《四库阙书目》中岁时类书籍却也被著录在了其他小类下：如《保生目录》著录于小说类下，④《时镜新书》等则著录于农家类下，⑤ 而这些岁

---

① （清）叶德辉辑：《秘书省续编到四库阙书目》卷首《序》，《书目类编》第1册，台北：成文出版社，1978年，第128页。

② （清）叶德辉辑：《秘书省续编到四库阙书目》，《书目类编》第1~2册，台北：成文出版社，1978年。

③ （清）叶德辉辑：《秘书省续编到四库阙书目》卷一，《书目类编》第1册，台北：成文出版社，1978年，第128页。

④ （清）叶德辉辑：《秘书省续编到四库阙书目》卷二，《书目类编》第2册，台北：成文出版社，1978年，第438页。

⑤ （清）叶德辉辑：《秘书省续编到四库阙书目》卷二，《书目类编》第2册，台北：成文出版社，1978年，第481页。

时类书籍在《崇文总目》中则是全部著录在岁时类之下的。① 也就是说，在《四库阙书目》中，岁时类之项虽然也有设置，但岁时之书却并不都著录在此项之下。那么，农家类的情况又如何呢？为了方便讨论，现将《四库阙书目》子类农家类所著录的农书列于表2-2。

表2-2 《秘书省续编到四库阙书目》子类农家类所见农书表②

《时镜新书》	《退居志》	《钱宝录》	《本草》	《行书》
《辨象经》	《田经》	《行记》	《历代钱谱》	《景佑医马方》
《叶嘉传》	《北苑拾遗》	《茶苑总录》	《接花图》	《洛阳花品》
《江都花品》	《禾谱》	《金渊利术》	《牛会》	《马书》
《鱼书》	《洛阳花木记》	《王宫牡丹品》	《马经五脏论》	《亚牛经》
《国朝时令》	《古今泉货图》	《钱录》	《货泉录》	《补茶经》
《著茶泉品》	《魏王花木志》	《洛阳牡丹记》	《四序总要》	《辇下岁时记》
《十二月纂要》	《十二月镜》			

从绝对数量上看，《四库阙书目》共著录了农书37种，大大超过了《崇文总目》所著录的农书数。③ 从内容上看，《四库阙书目》也较《崇文总目》丰富得多。上表可见，除了较为正统的"播植种艺"的农书之外，谱录类、畜牧类乃至岁时类农书也都有著录于此。而在《崇文总目》中，这些类别的书籍通通是著录于农家类之外的。④ 但又不能简单地说《四库阙书目》继承了

① （北宋）王尧臣等编次，（清）钱东垣等辑释：《崇文总目》卷二，《丛书集成初编》第21册，北京：中华书局，1985年，第103~104页。

② （清）叶德辉辑：《秘书省续编到四库阙书目》卷二，《书目类编》第2册，台北：成文出版社，1978年，第481~485页。

③ 今本《崇文总目》农家类仅录农书8种。参见（北宋）王尧臣等编次，（清）钱东垣等辑释：《崇文总目》卷三，《丛书集成初编》第22册，北京：中华书局，1985年，第146~147页。

④ 在今本《崇文总目》中，谱录类农书著录于子部小说类下，畜养类农书著录于子部艺术类下，参见（北宋）王尧臣等编次，（清）钱东垣等辑释：《崇文总目》卷三，《丛书集成初编》第21册，北京：中华书局，1985年，第162~164，第194~195页；岁时类农书则著录于史部岁时类下，参见（北宋）王尧臣等编次，（清）钱东垣等辑释：《崇文总目》卷二，《丛书集成初编》第21册，北京：中华书局，1985年，第103~104页。

北宋史志目录所凸显的扩大了的农学观，因为：一则，在二级目录上《四库阙书目》仍保留了史部岁时类；二则，在《四库阙书目》的子类小说类中仍可见谱录类与岁时类农书，例如《荔枝新谱》《茶谱遗事》等。① 因此，虽然《四库阙书目》未必继承了北宋史志目录所显的农学观念，但也不能将其归类到北宋官修馆阁目录那种非常狭隘的农学观念之中。只能说，北宋对农学认识的两种不同态度或许在一定程度上导致了南宋初年的《四库阙书目》的编纂在农学类书籍的分类问题上出现了些许的混乱。而且，仅从《四库阙书目》一部目录尚不可知这种农书著录的混乱是偶然为之，还是表征了南宋时期开始整合北宋官修目录中所显的两种农学观念，因此，下文将转向对南宋另一部书目的探讨。

成书于 12 世纪中后期的《中兴馆阁书目》是目前可见的另一部南宋官修书目，史称："《中兴馆阁书目》者，孝宗淳熙中所修也。"② 当然现存的本子乃是清末士人所辑录而成的。③ 不同于前引的《四库阙书目》，《中兴馆阁书目》的辑录者自序云：

> 但曩者辑《崇文目》者，空目尚存。编次至易，今则毫无凭借，排比为艰。考此书凡分五十二门，以《通考》所引《中兴艺文志》证之适合。《中兴艺文志》序亦云："今据书目、续书目及搜访所得，嘉定以前书，诠校而志之。"《中兴艺文志》分类，本之此目，当无疑义，故今从之。④

可见，辑本《中兴馆阁书目》的分类是以《文献通考》中所载的史志目录《中兴艺文志》为基础的⑤，而《中兴艺文志》的分类又是以原本《中兴馆阁

---

① （清）叶德辉辑：《秘书省续编到四库阙书目》卷二，《书目类编》第 2 册，台北：成文出版社，1978 年，第 446 页。

② （南宋）李心传撰，徐规点校：《建炎以来朝野杂记》卷四，北京：中华书局，2000 年，第 114 页。

③ （清）陈揆、赵士炜辑：《中兴馆阁书目》，《书目类编》第 2 册，台北：成文出版社，1978 年。

④ （清）陈揆、赵士炜辑：《中兴馆阁书目》，《书目类编》第 2 册，台北：成文出版社，1978 年，第 593 页。

⑤ 《中兴艺文志》，即《中兴四朝国史艺文志》的简称，是南宋时期唯一的官修史志书目。

上编

· 23 ·

书目》为底本的。从北宋的情况看，虽然同属官修书目，但是，史志目录的分类方法与馆阁书目的分类方法明显存有区别，而《中兴艺文志》正是北宋所撰修的各种《国史艺文志》的续补，① 但是，在南宋，《中兴馆阁书目》的分类与《中兴艺文志》的分类却基本相同。

先来看辑本《中兴馆阁书目》所录的《中兴艺文志》的目录分类情况，参见表2-3。

表2-3 辑本《中兴馆阁书目》类目表②

一级目录	二级目录							
经部	易	书	诗	礼	乐	春秋	孝经	论语	小学
史部	正史	编年	起居	别史	史抄	故事	职官	杂传	仪注
	谥法	刑法	目录	谱牒	时令	地理	霸史		
子部	儒家	道家	释家	神仙	法家	名家	墨家	纵横	杂家
	小说	农家	天文	历谱	五行	蓍龟	杂占	形法	兵书
	医书	类书	杂艺						
集部	楚辞	别集	总集	文史					

就农学观念来看，《中兴馆阁书目》继续沿着《崇文总目》与《四库阙书目》的分类方法，将时令类单置于史部之下。然而，前文已述，辑本《中兴馆阁书目》所引的目录分类实际上是《中兴艺文志》的分类方法。但从现存的辑本《宋国史艺文志》与《文献通考》所引《国史艺文志》的分类来看，北宋的史志目录中是不存在岁时或时令这一类的，③ 只有以《崇文总目》为代

---

① 《中兴艺文志》前尚有《三朝国史艺文志》《两朝国史艺文志》《四朝国史艺文志》，皆散佚，有清人根据后三种辑录而成的本子，参见（清）赵士炜辑：《宋国史艺文志》，《书目类编》第2册，台北：成文出版社，1978年。

② （清）陈揆、赵士炜辑：《中兴馆阁书目》卷首《序》，《书目类编》第2册，台北：成文出版社，1978年，第593~594页。

③ 可参见（清）赵士炜辑：《宋国史艺文志》，《书目类编》第2册，台北：成文出版社，1978年；另可见北宋所修《新唐书·艺文志》中的分类亦无岁时或时令类，详见《新唐书》卷五十八《艺文一》，第1453页。

表的北宋馆阁目录才有时令或岁时类一栏。① 因此，辑本《中兴馆阁书目》所引的《中兴艺文志》的目录分类在一定程度上说明了迟至南宋孝宗时期，官修目录在农学知识的分类问题上趋于合流，史志目录与馆阁目录都出现了岁时或时令这一栏，也就都认同岁时类书籍应该脱离农家而存在。

下面再从内容上进行探讨。辑本《中兴馆阁书目》著录的农家类农书仅有 7 部②，但这并不意味着原本的《中兴馆阁书目》中也只著录了这些，因为辑本在辑录的过程中不可能将原书所存的全部书目尽悉收纳。不过，就现著录的 7 部农书亦可发现若干问题。现将著录的农书列于表 2-4。

表 2-4 《中兴馆阁书目》子部农家类所著录农书表③

《齐民要术》	《兆人本业》	《四时纂要》	《煎茶水记》
《蚕书》	《山居要术》	《土牛经》	

以上可见，除《四时纂要》外，并无其他岁时类书籍著录如此，且《中兴馆阁书目》时令著录了 15 部书籍，④ 其他小类亦未见时令类书籍，因此可以推知《中兴馆阁书目》没有出现《四库阙书目》多处著录时令类书籍的情况。另一方面，《煎水茶记》著录于《中兴馆阁书目》农家类之下值得注意，这不仅意味着它象征着茶类农书的著录，更意味着在《崇文总目》中被著录于小说类之下的谱录类农书应在《中兴馆阁书目》中被著录了子部农家类下。此外，《土牛经》的著录或也可说明了在《崇文总目》中被置于艺术类下

---

① 参见（北宋）王尧臣等编次，（清）钱东垣等辑释：《崇文总目》卷首《目录》，《丛书集成初编》第 21 册，北京：中华书局，1985 年，第 1~10 页；另见《玉海》引《龙图阁六阁书目》中亦有岁时类，参见（南宋）王应麟：《玉海》卷五十二，《景印文渊阁四库全书》第 944 册，台北：商务印书馆，1986 年，第 411 页。

② （清）陈骙、赵士炜辑：《中兴馆阁书目》，《书目类编》第 2 册，台北：成文出版社，1978 年，第 627 页。

③ （清）陈骙、赵士炜辑：《中兴馆阁书目》，《书目类编》第 2 册，台北：成文出版社，1978 年，第 627 页。

④ （清）陈骙、赵士炜辑：《中兴馆阁书目》，《书目类编》第 2 册，台北：成文出版社，1978 年，第 619~620 页。

的畜养类农书亦在此被置于农家类下。而在《中兴馆阁书目》中的其他小类下也并无以上两类农书的著录，这也可为它们被著录在农家类下提供了消极的证据。剩下的《齐民要术》等农书均为较为正统的农书，一般的目录分类均会将其纳入农家类，故在此不作讨论。

综上所述，《中兴馆阁书目》农家类中除了著录了传统的种植桑蚕的农书之外，还应著录进了谱录类与家禽养殖类的农书，这与《四库阙书目》农家类所反映的情况相仿。同时，在《中兴馆阁书目》中并未见相畜类农书，查《四库阙书目》相术类中亦无相畜类农书著入[1]，由此可推测至少在南宋的官方农学认识中，相畜类农书已经不在农学的知识范畴中了。

在北宋，《崇文总目》中所凸显的农学知识是专业化，而在史志目录中则强调了农学知识扩大。这两种农学观念在《中兴馆阁书目》中得到了融合：一方面，《中兴馆阁书目》所引的《中兴艺文志》的目录分类出现了之前北宋《国史艺文志》所未有的岁时类，意味着史志目录接受了馆阁目录将岁时类书籍脱离农家的观念；另一方面，《中兴馆阁书目》中农家类所著录的书籍种类又明显大于《崇文总目》则表明了馆阁目录融合了史志目录扩大农学知识的看法。以此回过去看《四库阙书目》农书著录的混乱情况，毋宁说那是两种农学观念交融的初步尝试。至此，我们可以说宋代官方的农学观念建构基本完成：简言之，在将岁时类与相畜类知识排斥在农学之外的基础上，接受了中唐以来农学观念扩大的趋势，将谱录类和畜养类知识纳入农学范畴之中。

第二节　南宋私修目录所见农学观念

南宋私家目录现存仅有3部：《郡斋读书志》《遂初堂书目》《直斋书录解题》，撰者分别为晁公武、尤袤、陈振孙。按照成书时间来排序，《郡斋读书志》最早，《遂初堂书目》居中，《直斋书录解题》位于最末，下面按此顺序

---

① （清）叶德辉辑：《秘书省续编到四库阙书目》卷二，《书目类编》第2册，台北：成文出版社，1978年，第551~555页。

来探讨南宋私修目录中所见的农学观念。

首先来看晁公武所撰之《郡斋读书志》中有关农书的分类（表2-5）。

表2-5　《郡斋读书志》类目表①

一级目录	二级目录								
经部	易	书	诗	礼	乐	春秋	孝经	论语	经解
	小学								
史部	正史	编年	实录	杂史	伪史	史评	职官	仪注	刑法
	地理	传记	谱牒	目录					
子部	儒家	道家	法家	名家	墨家	纵横	杂家	农家	小说
	天文	兵家	类家	杂艺	医书	神仙	释书		
集部	楚辞	别集	总集						

以上可见，《郡斋读书志》并非全然依照《崇文总目》而分类，② 其中，史部中并无岁时类或时令类，子部则仍有农家类，现将子部农家类所著录的农书列于表2-6。

表2-6　《郡斋读书志》子部农家类所著录农书表③

《齐民要术》	《四时纂要》	《岁华纪丽》	《钱谱》
《钱谱》	《茶经》	《煎茶水记》	《茶谱》
《建安茶录》	《北苑拾遗》	《补茶经》	《试茶录》
《东溪试茶录》	《荔枝谱》	《荔枝故事》	《酒经》
《续酒谱》	《忘怀录》		

以上可见，在《郡斋读书志》农家类中谱录类农书所占比例极大，通计

---

① （南宋）晁公武：《郡斋读书志》，《书目类编》第69~70册，台北：成文出版社，1978年。

② 有学者论及"《郡斋读书志》所依据的蓝本就不仅仅只有《崇文总目》一部"，这一论断基本正确，参见郝润华：《〈郡斋读书志〉的分类及其与〈崇文总目〉的关系》，《史林》2006年第5期。

③ （南宋）晁公武：《郡斋读书志》卷三，《书目类编》第69册，台北：成文出版社，1978年，第31470~31471页。

《郡斋读书志》共著录农书 18 部，谱录类农书（《岁华纪丽》后均为谱录类书籍）竟占有 15 部之多。这种农书著录的不平衡自然来源于晁公武氏私人藏书的差异，但也反映了在晁氏的观念中关于茶、果、酒之类的知识亦属于农学之中。另一方面，《四时纂要》和《岁华纪丽》在宋代官修目录中一般被置于史部岁时类，[①] 而《郡斋读书志》已如上文所显并未设有岁时类。因此，可认为岁时时令类农书在晁公武的观念中也属于农学的范畴。不过，例外的是《荆楚岁时记》被著录在了《郡斋读书志》的子部类书类，[②] 而此书在北宋官修目录中则基本置于史部岁时类下[③]，在未设岁时类的北宋史志目录中则置于子部农家类下。[④] 晁公武此处却将此书别出心裁地置于类书类下，这倒也并非随意处置，晁氏认为《四时纂要》《岁华纪丽》确与农事相关，在《四时纂要》后晁氏写道：

> 谓遍阅农书，取《广雅》《尔雅》定土产，取《月令》《家令》叙时宜，采氾胜种树之书，缀崔寔试谷之法，兼删《韦氏目录》《齐民要术》编成。[⑤]

而《荆楚岁时记》确在很大程度上与农事无关，晁氏在该书著录后引宗懔的序云：

> 傅玄之《朝会》、杜笃之《上巳》、安仁《秋兴》之叙，君道《娱蜡》之述，其属辞则已洽，其比事则未宏。率为小说，以录荆楚岁时风

---

① 在北宋官修书目《崇文总目》中，即被置于史部岁时类下，参见（北宋）王尧臣等编次，（清）钱东垣等辑释：《崇文总目》卷二，《丛书集成初编》第 21 册，北京：中华书局，1985 年，第 103~104 页；而在南宋官修书目《中兴馆阁书目》中亦被置于史部时令类下，参见（清）陈揆、赵士炜辑：《中兴馆阁书目》，《书目类编》第 2 册，台北：成文出版社，1978 年，第 619~620 页。

② （南宋）晁公武：《郡斋读书志》卷三，《书目类编》第 69 册，台北：成文出版社，1978 年，第 31524 页。

③ 如在《崇文总目》中即被置于史部岁时类下，参见（南宋）王尧臣等编次，（清）钱东垣等辑释：《崇文总目》卷二，《丛书集成初编》第 21 册，北京：中华书局，1985 年，第 103 页。

④ 如在《新唐书·艺文志》中即被置于子部农家类下。

⑤ （南宋）晁公武：《郡斋读书志》卷三，《书目类编》第 69 册，台北：成文出版社，1978 年，第 31470 页。

物故事，自元日至除日，凡二十余事。①

而除此 3 部之外，《郡斋读书志》并未著录其余岁时时令类农书，因此对以上《荆楚岁时记》的分类差异也不便作过多的推测。此外。笔者在《郡斋读书志》中并未检阅到畜养类与相畜类农书，因此，这些农书所承载的知识是否在晁氏的农学观念之中尚不可贸然揣测。总之，从岁时类农书与谱录类农书纳入农家类来看，《郡斋读书志》所见的农学观念基本承袭了唐以后农学观念的扩大趋势。

接下来探讨《遂初堂书目》的情况。尤袤所撰之《遂初堂书目》与《郡斋读书志》相同，亦未设立岁时类或时令类。因此，我们直接来看该书目农家类所收农书的情况，请看表 2-7。

表 2-7 《遂初堂书目》农家类所著录农书表②

《夏小正》	《唐删月令》	《唐注月令》	《四时纂要》
《齐民要术》	《千金月令》	《韦氏月录》	《荆楚岁时记》
《秦农要事》	《郦记》	《四民福禄论》	《金谷园记》
《玉烛宝典》	《山居志怀录》	《岁时广记》	《田夫书》
《本政书》	《禾谱》	《农器谱》	《锦带》
《辇下岁时记》			

以上可见，《遂初堂书目》农家类所收农书的排列总体来说相当的杂乱，不似前引《郡斋读书志》农家类所著录的农书基本是按各自性质排列。但是，即便如此，也可看出《遂初堂书目》除将较为"正统"的农书收录之外，同时收录了岁时类农书与谱录类农书，而《遂初堂书目》亦无岁时类，同时在其他小类之下也未见岁时书籍，因此，基本可以认定在该书目作者尤袤的观念中，岁时是属于农学之中的。但是，谱录类农书却不仅收录在农家类中。《遂

① （南宋）晁公武：《郡斋读书志》卷三，《书目类编》第 69 册，台北：商务印书馆，1978 年，第 31524~31525 页。

② （南宋）尤袤：《遂初堂书目》，《景印文渊阁四库全书》第 674 册，台北：商务印书馆，1986 年，第 465 页。

初堂书目》较为独特的地方便是设立了谱录类一览，专门收集谱录类的书籍。① 就笔者所见来看，该谱录类中收有关于茶、花、禾、果等谱录书籍若干，同时还收录了如《相鹤经》《养鱼经》之类的畜养与相畜类书籍，② 如此便难以判断《遂初堂书目》中所反映的农学观念是否包括了谱录类的农书，但至少可以认为《遂初堂书目》对于谱录类农书较为暧昧的态度反映了尤袤一类的士大夫对于谱录类书籍认识的紧张。这点在《郡斋读书志》中则反映在岁时类之上；而岁时类与谱录类农书是否应著录于农家这一问题正是中唐至北宋农学观念扩大化带来的遗留问题，通过以上对《郡斋读书志》与《遂初堂书目》的分析，可以发现这一遗留问题不仅影响了官方对农学的认识，也进而影响到普通士大夫的农学观念。进而言之，如果"岁时"的问题是政权力量的操弄，那么，"谱录"问题则是士大夫兴趣扩张的结果，在此，我们可以看到农学观念的变化并非全然来源于学术知识的正常发展，国家权力与士大夫权力在两端上同时影响了农学观念的变迁。

同时，官修馆阁书目中将岁时类农书独立出来的分类思想也势必会影响到私人目录撰修中对农书分类的理解，这一点上，较晚出的《直斋书录解题》中体现得较为明显。

首先，陈振孙所撰的《直斋书录解题》在小类的设立上便接受了将岁时类独立出农家类而置于史部之下的知识分类思想。在该书目中，岁时类与职官类、礼注类合编为第五卷，处于《直斋书录解题》史部的后半部，而农家类则仍列于子部之下。③

《直斋书录解题》时令类前有一段序文，现引如下：

> 前史时令之书，皆入子部农家类，今案诸书，上自国家典礼，下及里

① （南宋）尤袤：《遂初堂书目》，《景印文渊阁四库全书》第 674 册，台北：商务印书馆，1986 年，第 471~472 页。

② （南宋）尤袤：《遂初堂书目》，《景印文渊阁四库全书》第 674 册，台北：商务印书馆，1986 年，第 472 页。

③ （南宋）陈振孙：《直斋书录解题》，《景印文渊阁四库全书》第 674 册，台北：商务印书馆，1986 年，第 525~526 页。

间风俗，悉载之，不专农事也。故《中兴馆阁书目》另为一类，列之史部是矣。①

这段小序至少透露了两条信息：

第一，《直斋书录解题》的作者是根据书籍的实质内容进行分类的，如陈氏认为岁时类书籍"不专农事"，因此应该"别为一类"，而在后面的子部农家类中，陈氏又将本该属于岁时类的《四时纂要》著录其中，这是因为该书"虽曰岁时之书，然皆为农事也。"② 可见，陈氏的书籍分类是具有一定专业性倾向的；

第二，陈氏在这条小序中并不讳言自己将岁时类别为一类是受到官修《中兴馆阁书目》的影响，但是，正如笔者另文所言，官修目录岁时类的设立在很大程度上反映了政治权力对平民时间控制的欲望，而陈氏却在此将岁时类的设立从较为学术的角度进行了解释，这也反映了官私之间对同一问题的不同考量。

同时，陈氏在《直斋书录解题》的农家类小序中又是如何言说的呢？请看：

> 农家者流，本于农稷之官，勤耕桑以足衣食。《神农》之言，许行学之。汉世《野老》之书，不传于后。而《唐志》著录杂以岁时月令及相牛马诸书，是犹薄有关于农者。至于《钱谱》《相贝》、鹰鹤之属，于农何与焉？今既各从其类，而花果、栽植之事犹以农圃一体附见于此，其实则浮末之病本者也。③

陈氏在这段序文中严厉地批判了中唐以来农学知识的扩大。在陈振孙看来，不仅岁时时令应别于农家，记载花果的谱录类农书也只是因为"农圃一体"而勉强"附见于此"，而陈氏在根本上是不认同这"浮末之病本者"的农

① （南宋）陈振孙：《直斋书录解题》，《景印文渊阁四库全书》第 674 册，台北：商务印书馆，1986 年，第 647 页。
② （南宋）陈振孙：《直斋书录解题》，《景印文渊阁四库全书》第 674 册，台北：商务印书馆，1986 年，第 709 页。
③ （南宋）陈振孙：《直斋书录解题》，《景印文渊阁四库全书》第 674 册，台北：商务印书馆，1986 年，第 708~709 页。

上编

书的。因此，在《直斋书录解题》农家类中虽录入些许谱录类书籍，但更多的关于茶、酒的谱录则被著录在子部杂艺类下，① 相畜类的书则被著录在了子部形法类下。② 有关《直斋书录解题》中农家类的著录情况，详见表2-8。

表2-8 《直斋书录解题》农家类所著录农书表③

《齐民要术》	《山居要术》	《四时纂要》	《蚕书》
《秦少游蚕书》	《禾谱》	《农器谱》	《农书》
《耕桑治生备要》	《耕织图》	《竹谱》	《笋谱》
《梦溪忘怀录》	《越中牡丹花品》	《牡丹谱》	《冀王宫花品》
《吴中花品》	《花谱》	《牡丹芍药花品》	《芍药谱》
《芍药图序》	《芍药谱》	《荔枝谱》	《荔枝故事》
《增城荔枝谱》	《四时栽接花果图》	《桐谱》	《何首乌传》
《海棠记》	《菊谱》	《菊谱》	《范村梅菊谱》
《橘录》	《糖霜谱》	《蟹谱》	《蟹略》

由此可见，陈氏在农学观念方面十分强调专业性，而排斥"不专农事"的"浮末"之书。但是，即便如此，《直斋书录解题》农家类中也不得不将谱录类农书部分的著入。因此，笔者认为，在较为极端强调农学专业化的《直斋书录解题》中也或多或少存有中唐以来农学观念扩大的影子。

以上，笔者分析了南宋3部私家目录中农书的分类情况，由此可以窥视3部私家目录所反映的农学观念。总体说来，虽然这些私家目录的农书分类与农学观念各不相同，但从中还是可以看出一点共同的规律：3部书目的农书分类均在一定程度上受到了宋代官方目录的影响。

综上所述，南宋官私目录中的农书分类存在着一定的差异，也就是说，南

① （南宋）陈振孙：《直斋书录解题》,《景印文渊阁四库全书》第674册，台北：商务印书馆，1986年，第771页。

② （南宋）陈振孙：《直斋书录解题》,《景印文渊阁四库全书》第674册，台北：商务印书馆，1986年，第754页。

③ （南宋）陈振孙：《直斋书录解题》,《景印文渊阁四库全书》第674册，台北：商务印书馆，1986年，第708~712页。

宋的"农学"并不存在统一的观念，但这并不意味着我们不能从中总结出某些趋势性的内涵。

农学观念或者说农学知识的专业化还是扩大化始终是有宋一代农学观念建构的一大命题。北宋官修史志目录与官修馆阁书目关于农学认识的分化在南宋并未完全得到延续。通过上文对《四库阙书目》与《中兴馆阁书目》的考察，较为明显地揭示出南宋官方的农学观念在专业化与扩大化的基础上走向了合流。而私修目录所表现的农学认识也非完全局限于北宋的两种农学观念之中。无论是不太强调农学专业化的《郡斋读书志》和《遂初堂书目》，还是高举农学专业化旗帜的《直斋书录解题》，它们都在一定程度上同时吸收了中唐以来农学观念扩大化与北宋以来农学观念专业化的理念。

另一方面值得注意的是南宋保存 3 部私修目录能让我们看到官方农学观念是如何影响到私人的农学观念的。从《郡斋读书志》与《遂初堂书目》在农书分类上存在一定程度的混乱，到《直斋书录解题》在某些方面对《中兴馆阁书目》的因袭，这些都可以看出官方农学观念在南宋私人农学观念中有着重要的影响。

因此，笔者认为，农学观念的扩大化与专业化的冲突与交融，农学认识的官方立场与私人立场的相互影响，这两者共同主导了南宋时期，乃至整个唐宋时期农学观念转变的趋势。因此，不理解扩大化与专业化、官方与私人这两组矛盾，就不能理解唐宋时期的农学观的转变。总体而言，唐宋时期农学观念转变的大趋势是在扩大的基础上走向专业化，同时，这一趋势是多元而非线性的，唐宋时期正是在对农学的多元认识中建构自己的农学观念的。①

---

① 这一结论与潘晟对两宋时期地理学观念的研究有着某种程度上的相似，潘晟认为两宋地理学观念的发展"并没有以线性的方式前进，而是多种观念在同一时间断面或者不同时间段面上的交错共存。"参见潘晟：《中国古代地理学的目录学考察（三）——两宋公私书目中的地理学》，《中国历史地理论丛》2008 年第 2 期。

第三章 明代的多元农书观

关于明代农书的研究，学界已从宏观和微观角度进行了颇为深入的探讨。[①] 但是，就笔者目及所见，尚未有学者从"观念史"角度考察明代农书，而惠富平颇为敏锐地发现：

> 由于审视角度之不同，人们对农书的称谓不尽一致。考察这些称谓形成的历史，似乎早期多称农家书，中期称农事书，晚近称古农学书，反映出对农书认识的逐渐深化。[②]

这一点提醒我们，当前学者们所探讨的明代农书，未必与明人观念里的"农书"相一致。[③] 因此，考察农书在明代的"观念史"，不仅可以揭示明人对农学知识的认定与否，而且可以检讨当前对于农书定义的问题。例如王毓瑚先生以为农书当"以讲述农业生产技术以及与农业生产技术直接有关的知识的著作为限"，[④] 而中国农业遗产研究室在编纂《中国农业古籍目录》时则把农书的定义扩大为：

> 凡记述中国人民在传统农业生产中所积累的农业知识理论、生产记述

---

① 从宏观来看，游修龄、闵宗殿、曾雄生等人的研究，考察了这一时期（乃至清代）农书的数量、作者的分布与这些农书中所蕴含的农学知识，相关研究参见游修龄：《从明清时期的农业科学家看农业人才问题》，《农史研究文集》，北京：中国农业出版社，1999 年，第 241~249 页；闵宗殿：《明清农书概述》，《古今农业》2004 年第 2 期；曾雄生：《中国农学史》，福州：福建人民出版社，2012 年，第 441~458 页；等等。从微观来看，《农政全书》《农说》《救荒本草》等"经典"农书的研究也进入了较为深入的层次，由于本章并不涉及具体农书的研究，因此不再赘述相关研究成果。

② 惠富平、牛文智：《中国农书概况》，西安：西安地图出版社，1999 年，第 1~2 页。

③ 在本章中，一般在农书外加引号特指观念意义上的农书，而非指实际意义上的书籍。

④ 王毓瑚：《中国农学书录》，北京：中华书局，2006 年，"凡例"，第 1 页。

经验、农业经营管理及对农业文献的考证校注等方面典籍。①

笔者以为，搜集前人的农书确应秉持"宁多毋缺"的原则，将农书范围放得宽一点也未尝不可，但是这种"放宽"并不能够代替对于某一历史阶段农书观的考察，否则便掩盖了历史的复杂性。其次，近人对于"农书"概念的探讨往往受到现代农学分类的影响，② 这就会造成以"西方"概念解构中国自有知识的情况。③ 那么，如何回到明人的语境下去探讨"农书"呢？笔者打算从三个角度进行尝试：普通士人在文集中的"一般性观察"，书目作者在古典目录中的"分类性观察"，以及农书作者在其撰著中的"专业性观察"。

第一节　一般性观察：文集中的"农书"

葛兆光提出"一般知识、思想与信仰"的研究思路对于农书的研究也有所裨益。④ 因为目前对于古农书的认定与分类基本均是以农书本身为准，但是在明代一般士人眼中"农书"又是一种怎样的存在，恐怕才是当时颇为主流的农书观。为了探讨这种"一般的农书观"，我们不妨借助大型古籍数据库来进行"e-考据"。⑤ 当前最为全面的历史文献数据库非"中国基本古

上编

---

① 张芳、王思明主编：《中国农业古籍目录》，北京：北京图书馆出版社，2003年，"编辑说明"，第1页。

② 曾雄生就曾指出："古代农学的范畴要比今天宽泛得多"，具体参见曾雄生：《中国农学史》，福州：福建人民出版社，2012年，第18页。

③ 褚孝泉：《中国传统学术的知识形态》，《中国文化研究》1996年第4期。

④ 葛兆光所谓的"一般知识、思想与信仰"乃是指"最普遍的、也能被有一定知识的人所接受、掌握和使用的对宇宙间现象与事物的解释，这不是天才智慧的萌发，也不是深思熟虑的结果，当然也不是最底层的无知识人的所谓'集体意识'，而是一种'日用而不知'的普遍知识和思想……"也就是说，我们探讨的"一般的农书观"，不应集中在那些农学家身上，而应该聚焦在更广大的明代士人群体身上。具体参见葛兆光：《中国思想史》，"导论：思想史的写法"，上海：复旦大学出版社，2013年，第12页。

⑤ "e-考据"乃是中国台湾学者黄一农提出的概念，简单地说就是利用网络电子数据库进行考据活动，有关这种方法的运用，黄先生已经就明末清初中国的天主教徒问题以及红学研究方面出版了相关的专著，具体可参考黄一农：《两头蛇：明末清初的第一代天主教徒》，上海：上海古籍出版社，2006年；《二重奏：红学与清史的对话》，北京：中华书局，2015年。另，笔者如下的讨论乃是受到梁仁志最近关于"弃儒就贾"问题研究的启发，相关论文可参考梁仁志：《"弃儒就贾"本义考——明清商人社会地位与士商关系问题研究之反思》，《中国史研究》2016年第2期。

籍库"莫属。① 因此，笔者利用该库全文检索了明代诸种文献中出现"农书"二字的情况，一共有 345 条记录，但是在这些记录中，大部分都是特指某一种书籍，而非作为概念而泛言的"农书"，例如陈子龙在《上张玉笥中丞》一文中提到"徐相国农书缮录呈览，治水明农同源共贯"，② 这里乃是特指徐光启的《农政全书》，又如很多"农书"条皆与"神"或"劝"字相连，构成"神农书"与"劝农书"，这也不是作为概念的"农书"。③ 此外，还有一些文集出现重复著录或著录了某些前人诗文的现象，这些也应该删除。如此一来，能够代表明代"一般的农书观"的条目大约有 56 条。考察这些文集中的"农书"内涵，大体可分为三个类型，笔者每一类型略举例若干制成下表，请看表 3-1。

表 3-1 "中国基本古籍库"中所录"农书"举例表

类型	原文	资料来源
一	间取农书水利及古人已试陈迹，略一讲求，颇得大意。	（明）左光斗：《左忠毅公集》卷二《足饷无过屯田疏》，《续修四库全书》第 1370 册，上海：上海古籍出版社，2002 年，第 559 页。
	江南倭害众为鱼，耕种相妨百室虚；君比谢安闲将略，我非李泌上农书。	（明）李开先：《李中麓闲居集》卷四《谢谢少溪惠鱼次谷少岱韵五首》，《四库全书存目丛书》集部第 92 册，济南：齐鲁书社，1997 年，第 490 页。

---

① 根据爱如生官网上的介绍，"（中国基本古籍库）总计收书 10 000 种、17 万卷；版本 12 500 个、20 万卷；全文 17 亿字、影像 1 200 万页，数据总量 350G。其收录范围涵盖全部中国历史与文化，其内容总量相当于 3 部《四库全书》。不但是全球目前最大的中文古籍数字出版物，也是中国有史以来最大的历代典籍汇总。"

② （明）陈子龙：《安雅堂稿》卷十七《上张玉笥中丞》，《续修四库全书》第 1388 册，上海：上海古籍出版社，2002 年，第 186 页。

③ 试举一例说明，明人沐昂在文集《素轩集》中有首五言诗《观药圃》，其中末句写道："不读神农书，焉知重保养。"这里的"神农书"乃是代指医书，而非农书。具体参见（明）沐昂：《素轩集》卷一《观药圃》，《续修四库全书》第 1329 册，上海：上海古籍出版社，2002 年，第 134 页。

类型	原文	资料来源
二	昨检农书卜有年，相逢父老各欣然；秋来欲酿松花酒，先问溪南种秫田。	（明）屠隆：《栖真馆集》卷九《明农》，《续修四库全书》第 1360 册，上海：上海古籍出版社，2002 年，第 409 页。
	莴苣宜于生啖，蔓菁可熟菹；从今添菜谱，自合订农书。	（明）刘嵩：《槎翁诗集》卷七《东园课瓜菜十绝》，《景印文渊阁四库全书》第 1227 册，台北：商务印书馆，1986 年，第 483 页。
	竹径瓜畦带荜门，风烟草树自成村；闲中未必无功课，为写农书教子孙。	（明）严怡：《严石溪诗稿》卷一《题半村卷》，《四库禁毁书丛刊》第 101 册，北京：北京出版社，1997 年，第 37 页。
三	山人学稼筑郊居，已与人间万事疏；走狗飞鹰伸手倦，独临残照看农书。	（明）顾璘：《山中集》卷四《题徐禹量画上》，《景印文渊阁四库全书》第 1263 册，台北：商务印书馆，1986 年，第 220 页。
	十年海上习农书，为傍青山结草庐；漫拟王符成小隐，还同潘岳赋闲居。	（明）张时彻：《芝园集》卷十六《宿茂屿庄课种花木二首》，《四库全书存目丛书》集部第 82 册，济南：齐鲁书社，1997 年，第 21 页。
	闭门长阅旧农书，乐与山间草木俱；自诧犁锄培植惯，况当雨露发生余。	（明）谢迁：《归田录》卷七《寄和李西涯》，《景印文渊阁四库全书》第 1256 册，台北：商务印书馆，1986 年，第 88 页。
	兴来时画一幅烟雨耕图，静来时著一部冰霜菊谱，闲来时撰一卷水旱农书。	（明）王磐：《王西楼先生乐府》，《续修四库全书》第 1738 册，上海：上海古籍出版社，2002 年，第 488 页。

　　首先来看模式一，这一模式下的诗文都透露着"经世"的内涵。左光斗在其奏疏中提到"农书"的原因，乃是为了解决"东南有可耕之人而无其田，西北有可耕之田而无其人"的问题，通过讲求"农书"达到"屯田西北"，由此可以"足饷足兵"。[①] 另一方面，李开先所引"李泌上农书"的典故，也在另一篇具有"经世"关怀的诗文中出现。郑真在其《荥阳外史集》中收录了他谪居边地的友人"孟教授"所写的一首诗，诗中"孟教授"虽然感慨自己在边关谪居的痛苦，但还是心念朝廷，仍在末尾写下"欲写农书进，难凭尺素笺。"[②] 这里的"农书"并不是实指某一种农书，也不是说"孟教授"与上表所列"李开

　　① （明）左光斗：《左忠毅公集》卷二《足饷无过屯田疏》，《续修四库全书》第 1370 册，上海：上海古籍出版社，2002 年，第 559 页。

　　② （明）郑真：《荥阳外史集》卷九十八《答孟教授见寄》，《景印文渊阁四库全书》第 1234 册，台北：商务印书馆，1986 年，第 620 页。

先"真的要写一部"农书"，而是暗示自己愿意（或不愿意）作李泌那样的臣子，史载他进"农书"的目的是"以示务本"，① 因此，在引用"李泌上农书"之时，"农书"亦是与"经世"牢牢联系在一起的。不过，除了这三条以外，笔者未见明人诗文集中有如此使用"农书"的情况，因此，或可认为"农书"与"经世"这种联系的感知并非广泛存在于明人的观念世界。

其次，模式二中的"农书"则较为单纯的指向农业生产技术。如该模式下的第一条诗文，乃是表达农书对于农业生产活动具有指导性意义，这体现在农书具有"占岁"的预测功能，而这种对于农书的认识广泛存在于明人的诗文中，屠隆在另一首诗中也写道："父老农书占有年"，朱长春则有诗云："夜发农书占岁事"，等等。② 当然，农书除了"占岁"之外，还包含着其他方面的知识，上表模式二第二条诗文揭示了明人将有关"莴苣""蔓菁"等蔬菜方面的知识也算作农书的内容，除此之外，耕桑稼圃之事自然也是农书应有之义，田艺蘅的诗正表达了这一点："渐知学稼非容易，借得农书手自抄"，③ 而黄省曾的诗将"蚕桑"纳入农书之内："少小爱桑麻，农书凡几家"。④ 以上可见，在部分明人诗文中"农书"只是帮助农业生产与记录农学知识的工具而已。同时在传统社会，农业乃是根本性的产业，对于农书的推崇恰与儒者所言的"务本"相通，因此见模式二第三条诗文，农书在单纯的技术性指向之外也具有了"务本持家"的内涵，同样的表述也出现在郑文康的诗中："百年茅屋传家物，一卷农书教子方"。⑤

---

① （北宋）欧阳修等：《新唐书》卷一百三十九《列传第六十四》，北京：中华书局，1975 年，第 4637~4639 页。

② （明）屠隆：《栖真馆集》卷三《省耕歌为龙伯使君》，《续修四库全书》第 1360 册，上海：上海古籍出版社，2002 年，第 344 页；（明）朱长春：《朱太复文集》卷十五《春雪五首》，《四库禁毁书丛刊》第 101 册，北京：北京出版社，1997 年，第 310 页。

③ （明）田艺蘅：《香宇集》卷十五《农居》，《续修四库全书》第 1354 册，上海：上海古籍出版社，2002 年，第 137 页。

④ （明）黄省曾：《五岳山人集》卷十一《南星别业树艺览氾胜之书》，《四库全书存目丛书》集部第 94 册，济南：齐鲁书社，1997 年，第 619 页。

⑤ （明）郑文康：《平桥稿》卷五《南戴田家》，《景印文渊阁四库全书》第 1246 册，台北：商务印书馆，1986 年，第 566 页。

最后，在模式三中，农书与"经世""技术"都没有了关系，在这里农书常与"已与人间万世疏""漫拟王符成小隐""乐与山间草木俱"等强烈表达"归隐"的诗句共同出现。曾雄生曾指出"隐士与农业的联系最为紧密，这种联系打破了传统中国社会'农者不学，学者不农'的界限，因而对于中国农学产生了重大影响"，[①] 而从笔者检索的诸条目来看，其中确实是将"农书"与"归隐"挂钩的诗文最多，除了以上所列之外，用"农书"表达这一心情的诗句比比皆是："指点杯盘无别馔，坐谈筐篚有农书""露气萧森生草堂，农书药裹两相忘"，等等。[②] 此外，道家是被认为与中国的"隐士"思想有着莫大关系的学派，[③] 同时，道教理论体系也蕴含着部分农学思想，[④] 而在明人诗文中有不少语句都将农书与"道家""道书"相联，例如李开先有诗云："不材真朽木，有味是新蔬。此外读书否，农书与道书"，骆文盛则写道："农书时自检，道侣日相携"。[⑤]

综上所述，明人诗文中的农书一般有着"经世""技术""归隐"三个层面的指向，其中后两种才是主流。换言之，明人"一般的农书观"应该可以概括为：在内容上，强调农书是农业生产活动中的重要工具；在意象上，则多赋予农书"归隐"的内涵。

第二节　分类性观察：目录中的"农书"

余嘉锡在论及中国古典书目作用时强调书目的意义在于：第一，"论其归

上
编

---

① 曾雄生：《隐士与中国传统农学》，《自然科学史研究》1996 年第 1 期。

② （明）康海：《对山集》卷六《泾西村见野老邀食》，《四库全书存目丛书》集部第 52 册，济南：齐鲁书社，1997 年，第 333 页；（明）童佩：《童子鸣集》卷三《秋日闲居》，《四库全书存目丛书》集部第 142 册，济南：齐鲁书社，1997 年，第 438 页。

③ 闵军：《中国古代隐士略论——兼谈古代儒道隐逸思想之异同》，《中国人民大学学报》1993 年第 2 期。

④ 袁名泽：《道教农学思想发凡》，桂林：广西师范大学出版社，2012 年。

⑤ （明）李开先：《李中麓闲居集》卷四《问予何所事》，《四库全书存目丛书》集部第 92 册，济南：齐鲁书社，1997 年，第 372 页；（明）骆文盛撰：《骆两溪集》卷六《寿可园翁》，《四库全书存目丛书》集部第 100 册，济南：齐鲁书社，1997 年，第 635 页。

指，辨其讹谬"；第二，"穷源至委，竟其流别，以辨章学术，考镜源流"；第三，"在类例分明，使百家九流，各有条例，并究其本末"。① 由此可见，考察明人的书目不仅能够了解当时的农书分类与认定情况，甚至可以窥视时人对于"农学"的认识。② 据王国强的研究，有明一代书目撰写十分繁荣，尤其以私家目录的修纂为盛，除去那些偏重刊刻、戏曲、僧道的专科性书目，明人修撰的公私书目有近 170 种之多，其中有 150 种左右都是私修目录。③ 但是，这些书目大多不存，根据《明代书目题跋丛刊》的著录，现存的明人目录大约只有 30 种。④ 再除去其中后人伪造的几种书目，⑤ 笔者实际可见的明代目录只有 21 种，请看表 3-2。

表 3-2 明代尚存公私书目表⑥

官修书目	《文渊阁书目》《内阁藏书目录》《秘阁书目》《南雍志经籍考》《明太学经籍志》《行人司重刻书目》《经厂书目》《内板经书纪略》《国史经籍志》
私修书目	《百川书志》《宝文堂书目》《李蒲汀家藏书目》《万卷堂书目》《赵定宇书目》《澹生堂藏书目》《笠泽堂书目》《世善堂藏书目》《徐氏家藏书目》《脉望馆书目》《得月楼书目》《续文献通考·经籍考》

　　首先来看官修书目中的农书观。虽然上表显示尚存的明代官修目录有 9

---

① 余嘉锡：《目录学发微　古书通例》，北京：中华书局，2007 年，第 19 页。

② 目前已有学者利用古典书目考察中国古代学术体系，以传统中国的"地理学"为例，潘晟利用汉至南宋的目录考察了"地理"概念在目录中的变迁，相关内容参见潘晟：《中国古代地理学的目录学考察（一）——〈汉书·艺文志〉的个案分析》，《中国历史地理论丛》2006 年第 1 期；《中国古代地理学的目录学考察（二）——汉唐时期目录学中的地理学》，《中国历史地理论丛》2008 年第 1 期；《中国古代地理学的目录学考察（三）——两宋公私书目中的地理学》，《中国历史地理论丛》2008 年第 2 期。

③ 王国强：《明代目录学研究》，郑州：中州古籍出版社，2000 年，第 77~126 页。

④ 冯惠民、李万健选编：《明代书目题跋丛刊》，北京：书目文献出版社，1994 年，"目录"，第 7~8 页。

⑤ 这些书目包括：《菉竹堂书目》《世学楼藏书目录》《玄尚斋书目》《近古堂书目》，等等，相关辨伪情况可参考李丹：《明代私家书目伪考辨》，《古籍研究》2007 年卷上。

⑥ 这里需要强调的是《国史经籍志》与《续文献通考·经籍考》二书实际当为"史志目录"，只是明代史志目录尚存仅此两种，故不别而立类，《国史经籍志》乃是源于万历年间官修本朝国史，故此书虽为焦竑个人撰修，仍视其为"官修书目"，相反，《续文献通考》乃是王圻致仕后的私人撰著，故入"私修目录"下。

种，但是其中有 7 种书目皆未设立"农家类"或"农圃类"，如孙传能等人修撰的《内阁藏书目录》，被认为是明代仅次于《文渊阁书目》的官修目录，[①] 但是该书分类颇无头绪，张钧衡称其为"部类参差、殊鲜端绪"，[②] 是书虽有"子部"其中却无"农家类"，如《农桑辑要》《王祯农书》等书籍收在了"杂部"中，畜牧兽医方面的书则在"技艺部"。[③] 官修书目中仅有《文渊阁书目》和《国史经籍志》设立了"农家类"，通过对这两种书目农书收录的比较，可以发现两书对于农书的认识几乎是相同的。请先看《文渊阁书目》的收录情况（表 3-3）。

表 3-3　《文渊阁书目》"农圃类"所收农书表[④]

《齐民要术》一部五册	《治民书》一部五册	《农桑辑要》一部七册
《农桑辑要》一部九册	《农桑辑要》一部五册	《栽桑图》一部一册
《种莳占书》一部一册	《节令要览》一部一册	《四时纂要》一部一册
《岁时种植》一部一册	《种艺杂历》一部一册	《国老谈苑》一部一册
《道僧利论》一部一册	《山居备用》一部二册	《山居四要》一部一册
《农书》一部十册		

以上可见，《文渊阁书目》"农家类"基本只收录了传统的"农桑"书，既没有花、茶谱录，也没有畜养兽医类的书籍。这种对于农书的认识，在《国史经籍志》中也是如此。后者在史部中设立了"时令""食货"等小类，又设立了"酒茗""食经""种艺"等三级目录，以此收录花果谱、茶酒谱等

---

① 吕绍虞：《中国目录学史稿》，武汉：武汉大学出版社，2012 年，第 104 页。
② （明）孙传能等：《内阁藏书目录》卷末《跋》，《丛书集成续编》第 67 册，上海：上海书店，1994 年，第 943 页。
③ （明）孙传能等：《内阁藏书目录》，《丛书集成续编》第 67 册，上海：上海书店，1994 年，第 889、第 937 页。
④ （明）杨士奇等：《文渊阁书目》卷三《农圃》，《景印文渊阁四库全书》第 675 册，台北：商务印书馆，1986 年，第 199 页。

书籍，① 而在子部农家类下则仅有《农桑辑要》《栽桑图》《农器谱》等传统的"农桑"方面的书籍著录。② 此外，《国史经籍志》"农家类"后的一段论说，或能代表了官修书目对于农书的认识，请看：

> 圣王播百谷，劝耕稼，以足衣食，非以务地利而已，人农则朴，朴则易用，易用则边境安，而主势尊。人农则少私义，少私义则公法立。人农则其产复，其产复则重流徙，而无二心。天下无二心即轩辕、几蘧之理不过也。今大江以南土沃力勤，甲于寰内。而泄卤瘠空，西北为甚，雨泽不时，辄倚耜而待槔，淫潦一至，龙蛇鱼鳖且据皋隰而宫之，岂独天运人事，有相刺庆哉！斯民皆窳偷惰，而教率之者疏耳。古有农官，颛董其役，而田野不辟则有让，播植之宜，蚕缲之节，如管子、李悝之书多具之，惜不尽传。姑列其见存者于篇。③

上文所引，除却焦竑对于明代农业生产现状的感慨之外，基本表达了一种对于农书的认识，即农书是专指那些"播百谷""劝耕稼"，探讨"播植之宜，蚕缲之节"的书籍。因此，笔者认为明代官修书目的农书观颇为狭隘，它基本继承了北宋《崇文总目》的农书认识，即将农书限定在"农桑衣食"之上。

与官修书目不同，明人的私修书目大多都保有"农家类"，仅《李蒲汀家藏书目》《赵定宇书目》《脉望馆书目》《得月楼书目》4 种未专门设有著录农书的小类。这倒不是说这些书目未收录农书，而是以上 4 种书目，除却《脉望馆书目》外，均未有严格的分类，如《李蒲汀家藏书目》乃是按照收藏的位置进行分类，其中亦有收录《齐民要术》《荔枝谱》等书，但是并未将其整

---

① （明）焦竑：《国史经籍志》卷三《史类》，《四库全书存目丛书》史部第 277 册，济南：齐鲁书社，1996 年，第 346~349 页。

② （明）焦竑：《国史经籍志》卷四《子类》，《四库全书存目丛书》史部第 277 册，济南：齐鲁书社，1996 年，第 425 页。

③ （明）焦竑：《国史经籍志》卷四《子类》，《四库全书存目丛书》史部第 277 册，济南：齐鲁书社，1996 年，第 425 页。另，点校参考（明）焦竑撰，李剑雄整理：《澹园集》，北京：中华书局，1999 年，第 315 页。

合在某一类目中。① 即便如此，其实还是可以隐约看出书目作者对于农书的认识，如《赵定宇书目》收录了1种明代丛书《稗统》的目录，为了方便讨论，笔者将其160册至180册的目录抄录看表3-4。

表3-4 《赵定宇书目》所录"《稗统》目录"节略表②

册数	内容	册数	内容
160册	物原、世物异名，等等。	171册	草木花谱。
161册	天文、占验。	172册	东篱品汇。
162册	统历宝、历通要览，等等。	173册	菊谱、荔枝谱、橘谱。
163册	占卜、避忌。	174册	神隐、运化玄枢，等等。
164册	星相家术。	175册	四时调摄事宜。
165册	月令。	176册	事亲述见。
166册	岁时类、田家五行。	177册	医方类。
167册	农桑种植。	178册	医药。
168册	农桑类、种植类。	179册	养生论。
169册	蚕桑、牧养。	180册	修真、服食。
170册	王氏农书。		

以上可见，该目录虽然没有明显指出哪些是农书，但还是可以明显看出其中存在一定的分类：165册之前基本是与天文相关的内容，174册之后则转向了医药养生方面的书籍，而中间的"岁时类""农桑种植""草木花谱"则明显地具有农书的倾向。由此窥视，似乎明代私修目录中的农书观比官修目录要更为广阔，毕竟在官修书目中，"草木花谱"与"牧养"都是别立类著录的。当然，对私修目录中农书观的判断，还应该考察那些实际设有"农家类"的书目。就笔者所见，存有"农家类"的8种私家书目仅有《宝文堂书目》与

① （明）李廷相：《濮阳蒲汀李先生家藏目录》，《丛书集成续编》第68册，上海：上海书店，1994年，第28、第32页。
② （明）赵用贤：《赵定宇书目》，《书目类编》第29册，台北：成文出版社，1978年，第12858~12862页。

上述官修目录所体现的狭隘农书观相一致。在该书目"农圃类"中，仅收录11种农书，且不出"农桑"的范围，即《齐民要术》《农桑辑要》《王氏农书》，等等，而花谱、时令等类别的农书均别而著录。① 除此之外的7种私修书目基本都体现了一种"扩大的农书观"。如《徐氏家藏书目》"农圃类"收录了136种农书，其中大半都是各种茶谱、花谱、酒谱，甚至还有《虎苑》《虫天志》等畜养方面的书，以及《食经》《食品纪》等烹饪方面的撰著。② 同样的情况还存在于《世善堂藏书目录》《澹生堂藏书目》《万卷堂书目》等私家书目中，即便是收农书最少的《笠泽堂书目》，也可从其所录书目中看出这种农书观，请看表3-5。

表3-5 《笠泽堂书目》"农事类"所收农书表③

《多能鄙事》	《农桑撮要》	《野菜谱》	《务本直言》
《菜谱》	《山茶花谱桂谱》	《田家五行拾遗》	《牛经》
《齐民要术》	《王氏农书》	《树艺考》	《治圃须知》
《茶经》	《岁时乐事》	《农政全书》	《间间验述》
《山居四要》			

此外，虽然私家书目没有如同《国史经籍志》存有书目作者对于某一类书籍认识的说明，但是《澹生堂书目》却颇为独特的在"农家类"之下又分了5个小类："农家之目，为民务、为时序、为杂事、为树艺、为牧养，计五则。"④ 具体考察其中所录农书，"民务"主要著录了《齐民要术》《农说》《农遗疏》等传统"农桑"范畴的农书，而"时序"则是指《田家五行》等

---

① （明）晁瑮：《晁氏宝文堂书目》下卷《农圃》，《四库全书存目丛书》史部第277册，济南：齐鲁书社，1996年，第159页。

② （明）徐𤊹：《徐氏家藏书目》卷三《农圃类》，《续修四库全书》第919册，上海：上海古籍出版社，2002年，第183~186页。

③ （明）王道明：《笠泽堂书目》，《稿抄本明清藏书目三种》，北京：北京图书馆出版社，2003年，第127~128页。

④ （明）祁承㸁：《澹生堂藏书目》，《续修四库全书》第919册，上海：上海古籍出版社，2002年，第630页。

岁时时令书，"杂事"则包括了《本心蔬食谱》等"食品"方面的书籍，"树艺"则是各种"花草茶木"的谱录，"牧养"下有《虫天志》《牛经》等"畜养"方面的农书。① 由此可见，这一分类所体现的农书观与上文所引《笠泽堂书目》《徐氏家藏书目》等所揭示的"扩大的农书观"基本一致。

通过以上的分析不难发现，明代官修书目与私修书目的农书观并不完全一致。在官修书目中，农书被狭隘地限定在了"农桑"的范畴下，而在私修书目中，农书则进一步将花果谱录、畜养食品等方面的书籍也纳入其中。有意思的是，官修书目的"狭隘的农书观"似乎自宋以来一以贯之，乃至修撰《四库全书》时，馆臣也持同样的态度，"非耕织者所事，今亦别入谱录，明不以末先本也。"② 而私修目录农书观念的扩大，则至少从南宋以来便已如此，而公私书目之间最大的分歧正在于那些代表士人兴趣的"花果谱""茶酒谱"等是否能进入"农家类"。换言之，在书目中，对于农书的定义或许成为了官府知识形态与士人知识形态交锋的舞台。不少学者视明代中国是士人力量勃兴的时期，③ 笔者以为这种勃兴不仅仅体现在对地方事务的管理与参与上，而且体现在对于知识话语的争夺中，私修书目中的农书观及其普遍流行正是士人知识形态的一种胜利。

第三节　专门性观察：农书的自我认识

以上两节的观察，基本都是在探讨"一般的农书观"，因为文集或书目的作者基本都没有实际从事农书的撰写。换言之，他们对于农书的认识大概只是一种"无意识"的反应，而对于那些"有意识"从事农书撰写的人来说，农

① （明）祁承爜：《澹生堂藏书目》，《续修四库全书》第 919 册，上海：上海古籍出版社，2002 年，第 648~650 页。

② （清）永瑢等：《四库全书总目》卷一百二《农家类》，《景印文渊阁四库全书》第 3 册，台北：商务印书馆，1986 年，第 188 页。

③ 有关明代士人的研究可谓汗牛充栋，从早期日韩的"乡绅统治论"到欧美的中国士绅研究，基本都揭示了自明代以来士人在地方社会的崛起，相关研究笔者不再赘述，可参考李竞艳：《20 世纪以来晚明士人群体研究综述》，《史学月刊》2011 年第 2 期。

书如何定义，它包括哪些内容，则将在本节中得到揭示。不过，从上文的探讨中可以发现，明人对于农书的认识并不一致，这带来的问题便是如何能保证本节所探讨的农书便是明人观念里的农书呢？笔者所采取的方法是 3 种：第一，有些书籍题名即是《××农书》，例如《沈氏农书》、施大经的《泽谷农书》，这些书籍自然属于"农书"这一范畴中；第二，通过本章第一节的检索，笔者发现某些书籍虽然未必叫作"农书"，但是在明人的文集中却被当作"农书"来认识，例如前揭陈子龙所言的"农书"，乃是指徐光启所撰的《农政全书》，再如马一龙的《农说》在何乔远的《名山藏》中也被形容为"农书"，① 那么，这些书籍在明人的一般认识中是属于"农书"的；第三，笔者系统整理了本章第二节诸种书目中"农家类"的书籍，从中挑选出题名涉及"农"字的书籍，如《农圃四书》《农遗杂疏》《农桑风化录》，等等，这类书籍毫无疑问也应属于"农书"。然而，要探讨这些农书中的农书观首先是这些农书尚存，因此，笔者整理了符合上述三条的农书，并将其中尚存的农书制成下表，请看表3-6。

表3-6 明代狭义"农书"表

1	《农政全书》60 卷，徐光启撰。
2	《农书草稿》现存 16 篇，徐光启撰。
3	《沈氏农书》1 卷，涟川沈氏撰。
4	《泽谷农书》（又名《农书阅古篇》）6 卷，施大经撰。
5	《宝坻劝农书》1 卷，袁黄撰。
6	《农圃四书》4 卷，黄省曾撰。
7	《国朝重农考》1 卷，冯应京撰。说明：未见原稿，目前可见之于《农政全书》中。
8	《农遗杂疏》，徐光启撰。说明：该书已经佚失，但仍存有胡道静的辑本。
9	《农用政书历占》，撰者未知。
10	《农具》，颜复撰。

---

① 原文为："一龙用金贾牛十头，佣耕作，一岁尽垦，大熟，乃作农书。"具体参见（明）何乔远撰，张德信等点校：《名山藏》卷一百一《货殖记》，福州：福建人民出版社，2010 年，第 2866 页。

表3-6可见，除了最末两种农书（《农用政书历占》与《农具》）外，其他诸种农书皆未有较为明确的内容指向，而这两种农书一个关于岁时时令，另一个则涉及农具，如本章第一节所引诗文可见，许多诗句都强调了"农书"对于"占岁"的重要性，所谓"农书占岁令"，① 而农具则历来是一些经典农书中所不可缺少的部分（如《王祯农书》中专门撰有"农器图谱"），因此，这两种农书基本包含在上文所述明人的农书观之下。与此类似的则是《沈氏农书》，该书大体可以分为"逐月事宜""运田地法""蚕务""家常日用"4个方面，基本仍不出传统农家的"耕桑"范畴，仅"蚕务"一节另附了介绍畜养的内容。② 但是黄省曾所撰的《农圃四书》则不同，该书虽然题名为后世书商所加，但其中内容却为《稻品》《蚕经》《种鱼经》《艺菊谱》4篇，既有传统农家所关注的"稻"与"桑"，也有士人兴趣的指向："鱼"与"菊"。③ 由此可见，从这些农书所包含的内容来看，农书作者对于"农书"的认识似乎基本接近之前所讨论的诸种农书观，即在传统"农桑"的基础上，亦将畜养、花谱等"农艺"知识纳入农书之中。

不过明代最重要的"农学家"徐光启对于"农书"的认识似乎有所不同。上表共引了3种徐氏的著作，其中所谓《农书草稿》乃是后人所称，④ 况且该书除了详载"粪丹"之外，还记录了"论笔""造强水"等"工艺"之事，似乎并不能独以"农书"视之。⑤ 但是，《农遗杂疏》则至少在崇祯年间便已

---

① （明）吴国伦：《甔甀洞续稿》卷三《谷雨后阴霜》，《四库全书存目丛书》集部第123册，济南：齐鲁书社，1996年，第484页。

② （清）张履详辑补，陈恒力校释，王达参校、增订：《补农书校释（增订本）》，北京：农业出版社，1983年，第11~96页。

③ （明）黄省曾：《农圃四书》，《中国科学技术典籍通汇》农学卷第2册，开封：河南教育出版社，1994年，第115~126页。

④ 胡道静：《徐光启农学三书题记》，《中国农史》1983年第3期，第48~52页。

⑤ （明）徐光启撰，李天纲点校：《农书草稿》，朱维铮、李天纲主编：《徐光启全集》第5册，上海：上海古籍出版社，2010年，第437~461页。

流传开来，① 根据胡道静的辑本来看，该书不仅涉及传统农书所包含的"大麦""蔓青"等作物方面的内容，而且也有"肥猪法""石榴"等属于畜养、果树的知识，② 由此可见，徐氏的农书观似乎更接近于上一节私修目录中所体现的那种认识。可是《农遗杂疏》毕竟只是个辑本，那么，在颇为完善的《农政全书》中，徐光启的"农书"认识又是如何呢？

从该书的目录可以看出，徐光启眼里的农书应该可以包括"农本、田制、农事、水利、农器、树艺、蚕桑、种植、牧养、制造、荒政"，③ 由此可见，与非专业人士的观察不同，徐氏认为农政、水利、荒政等方面的内容也可以算作农书。徐氏的观点得到了《农政全书》的作序者张浦和主要编辑者陈子龙的认同，张氏在序言中认为"农家者流"不仅包括"种树、试谷、育蚕、养鱼、耕牛之经、花竹之谱"，而且也包括"上探井田，下殚荒政"；④ 陈子龙则在"凡例"中直言："水利者，农之本也，无水则无田矣"。⑤ 同时，在徐光启所译的《泰西水法》中，作序者曹于汴也写道："太史玄扈徐公，轸念民隐，于凡农事之可兴，靡不采罗。阅泰西水器及水库之法，精巧奇绝，译为书而传之"。⑥ 此外，《农政全书》卷三所引用的《国朝重农考》亦谈论的是"田制""水利"等农政方面的内容。⑦ 因此，徐光启的农书观乃是一种"更

① 王重民先生曾考订该书于万历四十八年（1620）刊刻于北京，笔者则在《澹生堂藏书目》中发现该书以"《农遗疏》五卷二册"为名著录，可见该书在崇祯年间已经流传开来。具体参见（明）祁承㸁撰：《澹生堂藏书目》，《续修四库全书》，第 919 册，上海：上海古籍出版社，2002 年，第 648 页。

② 胡道静著，虞信棠、金良年编：《胡道静文集·农史论集、古农书辑录》，上海：上海人民出版社，2011 年，第 265~281 页。

③ （明）徐光启撰，石声汉校注：《农政全书校注》，上海：上海古籍出版社，1979 年，"目录"，第 1~9 页。

④ （明）徐光启撰，石声汉校注：《农政全书校注》，上海：上海古籍出版社，1979 年，"张浦原序"，第 1 页。

⑤ （明）徐光启撰，石声汉校注：《农政全书校注》，上海：上海古籍出版社，1979 年，"凡例"，第 2 页。

⑥ （意）熊三拔述，（明）徐光启译，李天纲点校：《泰西水法》，朱维铮、李天纲主编：《徐光启全集》，第 5 册，上海：上海古籍出版社，2010 年，第 283 页。

⑦ （明）徐光启撰，石声汉校注：《农政全书校注》，上海：上海古籍出版社，1979 年，"凡例"，第 63~86 页。

为扩大的农书观"，它不仅包括了农家基本的"农桑"，也包括了士人所关注的"农艺"，更将政府所重视的"农政"纳入其中。

而且，徐氏的这种认识并不是特例，在袁黄的《宝坻劝农书》中，除了大篇幅地叙述了"天时""地利""播种""耕治""粪壤""占验"等传统属于"农桑"的内容之外，也专门有两篇涉及"农政"方面的内容："田制"与"灌溉"。① 此外，施大经的《农书阅古篇》乃是明代少见题名直接呼作"农书"的古籍，其中的内容却基本是"农政"，这里略举该书卷一目录说明，请看表3-7。

表3-7 《农书阅古篇》卷一"上古民事记"目录②

古富民论	古授田法	古重农政	疆理古迹	月令时宜	制礼养民
奉乐遣使	古民饶积	中世防饥	寓教于养	寓兵于农	中制什一

以上可见，《农书阅古篇》虽然也有"月令时宜"等内容，但主体完全是介绍"上古"的农政，而该书卷五乃是介绍明代的情况，其中内容大体包括"轸念民瘼""蠲恤灾伤""疏决壅滞""再下宽恤""田赋记"等内容，这也完全属于"农政"范畴。③ 由此可见，徐光启那种将农政纳入农书之中的认识还是存在于不少实际撰写农书的士人身上。

综上所述，本节较为简单地讨论了明代几种具有代表性的农书，笔者从中发现这些农书中的部分固然颇为符合前揭明人对于农书的认识，但也出现了以徐光启为代表的一种不同于"一般的农书观"的看法。这种笔者称之为"更为扩大的农书观"乃是将农政亦纳入农书应有的范畴之中，其中最为重要的两个方面便是"农田水利"与"救荒赈灾"，而这两者对于"农"的重要性几乎是明人的共识，如徐贞明在《潞水客谈》中写道："盖劝农而兴水利，

---

① （明）袁黄撰，郑守森等校注：《宝坻劝农书》，北京：中国农业出版社，2000年。
② （明）施大经：《农书阅古篇》卷一，南京图书馆藏明刻本。
③ （明）施大经：《农书阅古篇》卷五，南京图书馆藏明刻本。

牧养斯民之首务也。"① 而王磐在《野菜谱》序中述说了自己撰写此书的原因："正德间，江淮迭经水旱，饥民枕藉道路，率皆采摘野菜以充食，赖之活者甚众，但其间形类相似，美恶不同，误食之，或至伤生，此《野菜谱》所不可无也。"② 因此，具体到农书之中，明人的农书观又呈现出了另一番景象。

总结本章，笔者认为明人并不存在统一的农书观，或者说，明人的农书观颇为多元。这种多元则主要表现在两个方面：

第一，明人的农书观似乎随着他们对于农书认识的深入而不断的扩大。当他们在生活中"随意"使用农书这一概念时，多是利用其符号内涵（如"归隐"），其所认可的农书内容也只包括稼圃、岁时等，农书在这时仅仅指的是"农事书"；当明人真正开始整理农书并将其分类著录之时，他们对于农书的认识则略有扩大，不仅"农事书"可称之为农书，而那些记载了花茶圃艺、畜养食品的书籍也可算作农书，换言之，"农艺书"也是农书的一种；但是，在那些真正从事农书撰写的人眼中，这一概念又被进一步扩大，不仅"农事"与"农艺"，而且包括了"水利"与"荒政"在内的"农政书"也被认可为是农书。因此，我们必须看到，明人会随着对农书利用、研读、撰写的深入发展出不同的农书观。

第二，明人身份的不同，似乎对于农书的认识也有着区别。通过本章可见，几乎在每一个层面的探讨上，"官民"身份的差异都会造就对农书认识的不同。在第一节中，东林党大员左光斗基本将农书看作一种"经世之书"，而写下"布谷乱啼芒种后，还临翻找阅农书"的田艺蘅则仅贡生出身，基本属于白衣；③ 而在目录的探讨方面，官修书目则将农书定义得颇为狭隘，相反，在私修目录中则呈现出一种"扩大的农书观"；进一步到具体农书中，那些将

---

① （明）徐贞明：《潞水客谈》，《四库全书存目丛书》史部第222册，济南：齐鲁书社，1996年，第311页。

② （明）王磐：《野菜谱》，《四库全书存目丛书》子部第38册，济南：齐鲁书社，1995年，第8页。

③ （明）田艺蘅：《香宇集》卷十八《玄楼晚睡》，《续修四库全书》第1354册，上海：上海古籍出版社，2002年，第200页。

"荒政"与"水利"亦纳入农书范畴的作者基本都与其官员身份密不可分,如徐光启乃是内阁大学士,袁黄撰《宝坻劝农书》也是因为其曾在宝坻任职。由此可见,身份差异亦是造就明人多元农书观的原因之一。

通过以上的讨论,笔者虽然揭示了明人农书观的多元性,但是也正是这种多元性使得笔者难以用一个精确的定义去形容明代的农书。其实,今人所编的诸种农书目录亦没有一个颇为准确的标准,他们对于农书的认定与选取也是充满着矛盾的,请看表3-8。

表3-8　若干农书目录分类表①

书名	分类体系
《中国农书目录汇编》	总记类、时令类、占候类、农具类、水利类、灾荒类、名物诠释类、博物类、物产类、作物类、茶类、园艺类、森林类、畜牧类、蚕桑类、水产类、农产制造类、农业经济类、家庭经济类、杂论类、杂类。
《中国古农书联合目录》	农业通论、时令、土壤耕作灌溉、农具、治蝗、作物、蚕桑、园艺、蔬菜、果木、花卉、畜牧兽医、水产。
《中国农学书录》	农业通论、农业气象占候、耕作农田水利、农具、大田作物、竹木茶、虫害防治、园艺通论、蔬菜及野菜、果树、花卉、蚕桑、畜牧兽医、水产。
《中国明清农书总目》	通论、时令占候、耕作农田水利、农具、大田作物、竹木茶、灾荒虫害、园艺、蚕桑、牧医。
《中国农业古籍目录》	综合性、时令占候、农田水利、农具、土壤耕作、大田作物、园艺作物、竹木茶、植物保护、畜牧兽医、蚕桑、水产、食品与加工、物产、农政农经、救荒赈灾、其他。
《中国农书概况》	综合性农书、农家月令书、通书型农书、天时耕作农具和农田水利专著、园艺粮食经济作物专谱、蚕桑专书、畜牧兽医专书、救荒治蝗书。

①　表中所引5种书目皆有一定的代表性:《中国农书目录汇编》是最早的中国古农书专目,《中国古农书联合目录》则是中华人民共和国成立后最早编纂的农书目录,《中国农学书录》是目前农史学界公认的最为经典的书目,《中国明清农书总目》是目前唯一系统梳理明清时期农书的系列论文,《中国农业古籍目录》则是目前收书最全的农书目录,《中国农书概况》则是目前唯一专门以"农书"为对象进行研究的专著。相关内容参见毛邕、万国鼎主编:《中国农书目录汇编》,南京:金陵大学图书馆,1924年,"目录",第1~2页;北京图书馆主编:《中国古农书联合目录》,北京:全国图书联合目录编辑组,1959年,"目次",第1页;王毓瑚:《中国农学书录》,北京:中华书局,2006年,第303~322页;王达:《中国明清时期农书总目》,《中国农史》2001年第1期;张芳、王思明主编:《中国农业古籍目录》,北京:北京图书馆出版社,2007年,"目录",第1页;惠富平、牛文智:《中国农书概况》,西安:西安地图出版社,1999年,"目录",第5~8页。

通过前文的探讨，我们认识到以上诸种书目的分类几乎都不能完全等同于明人的农书认识，例如《中国农书目录汇编》将"博物类"方面的书籍也算作农书，而这在明人的农书观中几乎不见；又如《中国农学书录》完全没有收录"荒政书"，而"荒政"恰恰是明人在撰写农书时颇为关注的内容。因此，明代的农书，或者说明人观念里的农书，应该有其自身的定义与分类体系。笔者总结全文，愿作如下概括：明代农书，就是指明代农事书、农艺书与农政书，参考现代农书目录的分类，大体可以分为农事书4类：时令占候、农具耕作、大田作物、蚕桑；农艺书5类：园艺作物、竹木茶、畜牧兽医、水产、食品加工；农政书3类：田赋田制、农田水利、救荒赈灾。此外书中内容囊括以上分类中两项以上的可另辟一"综合性"收录，如此分为13类。当然，以上这一定义与分类只是为了研究而"假名"的，笔者始终强调"多元性"或"复杂性"才是历史的面目。

第四章 技术·兴趣·政治：中国传统农学体系的三个面向

如何理解传统中国的"农学"？从业已出版的两种《中国农学史》来看，传统农学的基本内容仍与现今农业科学相仿，似乎都是以农业技术为核心的知识体系，例如中国农业遗产研究室的学者们认为："中国农学史研究的内容，也就是以这些农学著作为主。这些农学著作及其有关文献，多数是叙述农业技术的，所以我们主要的研究对象是农业技术。"[1] 因此，不少农学史的论著也都冠以"农业科学技术史"的名目，例如梁家勉先生主编的《中国农业科学技术史稿》、张芳与王思明主编的《中国农业科技史》，等等。[2] 正是在这一背景下，许多学者对于中国古代农学特点的总结亦往往局限于技术层面：从形而上的角度来看，传统农学离不开古代中国朴素唯物主义思想（尤其是阴阳论、气论）的影响；[3] 从形而下的角度来看，精耕细作、粪田肥田、种养结合、轮作复种等农业经营与技术手段成了传统农学几乎全部的内容。[4]

以上这些是否就是传统农学内容的全部呢？虽然曾雄生在其《中国农学史》中仍是以农业技术为脉络进行传统农学的梳理，但是他颇为敏锐地注意到：

> 今人定义农学，是指研究农业生产的理论和实践的学科……古代并没

---

[1] 中国农业遗产研究室编著：《中国农学史（初稿）》，北京：科学出版社，1959年，第1页。

[2] 梁家勉主编：《中国农业科学技术史稿》，北京：农业出版社，1989年；张芳、王思明主编：《中国农业科技史》，北京：中国农业科学技术出版社，2011年。

[3] 赵敏：《中国古代农学思想考论》，北京：中国农业科学技术出版社，2013年，第5期；齐文涛：《农学阴阳论研究》，南京农业大学，博士学位论文，2013年。

[4] 严火其：《中国传统农业的特点及其现代价值》，《中国农史》2015年第4期。

有现代意义上的农学概念。他们将与农相关的内容都可能称之为农家。虽然历代也存在分歧，时而宽泛，时而狭窄……由此可见，古代农学的范畴要比今天宽泛得多。①

换言之，曾氏认为，仅仅从技术，尤其是现代农业技术角度去理解古代传统农学会遮蔽许多本该加以研究的内容。对此，曾雄生的学生杜新豪可以说进一步反思了传统农学的不同面向。在专著《金汁：中国传统肥料知识与技术实践研究（10—19世纪)》中，杜氏一方面重新定义了"农业技术"概念，将原本作为制肥外延领域的收集、整理、运输等活动也纳入考察范围，另一方面则将传统农业技术知识分化为"士人农学"与"农民农学"两个概念，并从中梳理出传统农学发展中的两条线索。②

由此可见，曾、杜对传统农学知识体系的反思都旨在扬弃近代以来科学话语在农史研究中的影响，而试图通过新的概念与范式去更为贴切地理解并描绘古代中国农学的实况。对于如是的研究取向，笔者在深受启发之余，也做了一点对于传统农学的反思，这些主要反映在笔者若干关于古典书目中"农家/农学"概念的探讨。最近，笔者结合自己与前人的研究，对于传统农学知识体系又有了一些新的认识，故而撰写此章，向方家求教。

第一节　传统农学的不同面向：来自古典书目的反思

在传统中国学术体系中，"农学"并不天然存在，存在的是"农家"。据曾雄生的梳理，用"农学"一词指代与现今农业科学技术接近的概念，晚至徐光启才开始。③一方面，"农家"不可能也不用等于现代科学意义上的"农学"；另一方面，"农家"其实只是古典书目分类体系中的小类，该类别中所著录的"农书"确实也反映了传统中国的农业知识。宋人郑樵有言："有专门

---

① 曾雄生：《中国农学史（修订本)》，福州：福建人民出版社，2012年，第17~18页。
② 杜新豪：《金汁：中国传统肥料知识与技术实践研究（10—19世纪)》，北京：中国农业科学技术出版社，2018年。
③ 曾雄生：《中国农学史（修订本)》，福州：福建人民出版社，2012年，第13页。

之书，则有专门之学。"① 因此既然有著录农书的"农家"，那就存在记载了农业知识的"农学"。换言之，用"农学"这一概念概括传统中国的农业知识体系，并不完全是一种西方话语的产物，更为重要的是挖掘古典语境中的"农学"与现代科学技术层面的"农学"的异同。

为了理解中国古典农学体系的若干面向，古典书目仍不失为最直观的资料。尤其是明代以前的官私书目，大多不是后世那种"账簿式"的记载，而是具有"兼学术之史"的功能。② 现存最早记载农家的目录是《汉书·艺文志》，其中的小序较为准确地概括了时人对于农家/农学的理解：

> 农家者流，盖出于农稷之官。播百谷，劝耕桑，以足衣食，故八政一曰食，二曰货。孔子曰"所重民食"，此其所长也。及鄙者为之，以为无所事圣王，欲使君臣并耕，悖上下之序。③

由此可见，古人对于农学的理解也从技术的角度切入，强调了"播百谷，劝耕桑"这些农业知识。但是"以足衣食"的技术活动绝不仅仅局限在农业层面，其实传统农学中所包含的技术活动往往超过了现今农学的范畴。例如作为传统农学早期总结的《齐民要术》，便在农业技术知识之外，加入了大量关于食品制法与杂物制作的内容，而这些知识分布在卷七至卷九，占到《齐民要术》近三分之一的内容，④ 以至于有学者认为："将《齐民要术》看作是封建地主经济的经营指南，远比将它仅看作农书要恰当得多。"⑤ 而这样一种杂录日常知识的撰写模式其实一直影响了古农书的写作，像是元明时期诞生的《墨娥小录》《多能鄙事》《便民图纂》等农书中，照样录有大量"杂学"，但是这些都不妨碍它们被视作农书。⑥ 因此，杜新豪最近的论文所体现出的对于传统农业技术范畴的质疑便值得思考，他认为农学技术并不局限于那些与现代

① （南宋）郑樵撰，王树民点校：《通志二十略》，北京：中华书局，2009年，第1804页。
② 余嘉锡：《目录学发微·古书通例》，北京：中华书局，2009年，第9页。
③ （东汉）班固：《汉书》卷三十《艺文志第十》，北京：中华书局，1962年，第1743页。
④ （后魏）贾思勰原著，缪启愉校释：《齐民要术校释》，北京：中国农业出版社，1998年，第467~688页。
⑤ 胡寄窗：《中国经济思想史（中）》，上海：上海人民出版社，1963年，第299页。
⑥ 王毓瑚：《中国农学书录》，北京：中华书局，2006年，第135~136页。

上
编

农业科技相匹配的领域，类似肥料搜集这样的简单活动也是一种农学技术。① 由此可见，传统农学的技术性可以从两个层面去理解：第一，传统农学的技术仍包括了现今农业科学技术领域所关注的若干内容，且集中体现在"播百谷，劝耕桑"层面上；第二，传统农学的技术也包括了被现今农业科学技术厅排斥的一些部分，它们通常可以冠名为"日用技术"或"日常技术"。

从《汉书·艺文志》到《隋书·经籍志》，汉唐间的农学观念几乎没有什么变化，《隋志》农家类小序云："农者，所以播五谷、艺桑麻，以供衣食也。"② 这样的论述几乎与前引的《汉志》一模一样。但是笔者先前的研究发现，唐中期以后，古典书目中的农家类呈现出较为明显的扩张态势。而到了南宋，这种农学观念上的扩张逐步显现在那些"花茶谱录"之上，例如晁公武的《郡斋读书志》农家类中共著录了18种农书，其中有13种是《茶经》《荔枝谱》等与"衣食"关系不大的谱录。③ 毫无疑问，花谱与茶书虽然并非"播百谷，劝耕桑"的农学知识，但其中也包含了对于花卉、茶叶品种与种植技术的记录，例如陆羽《茶经》便在"三之造"中对采茶之法作了详细介绍。④ 不过，这些"花茶谱录"也不全然是技术性的，王子凡与李娜娜分别梳理了传统中国的菊花谱录与牡丹谱录，根据他们的研究，可以明显发现技术性的文本仅仅是花谱所包含的一种，除此之外，品种谱、品诗类谱与同时包含技术和非技术的综合谱才是更为突出的部分。⑤ 造成这一现象的原因，主要在于"花茶谱录"更多代表了士大夫们的兴趣，而并非农业生产活动。对于士大夫们来说，花卉、茶叶的种植技术固然重要，但是更为重要的却是关于它们的品评与鉴赏，因此无论是花谱还是茶书都充斥大量技术之外的主观文字。像被奉

① 杜新豪：《惜粪如惜金：宋代以降农民对肥料的获取》，《史林》2017年第2期。

② （唐）魏徵等：《隋书》卷三十四《经籍三》，北京：中华书局，1973年，第1010页。

③ （南宋）晁公武：《郡斋读书志》卷三上，《书目类编》第69册，台北：成文出版社，1978年，第31470~31471页。

④ （唐）陆羽：《茶经》，朱自振、沈冬梅编著：《中国古代茶书集成》，上海：上海文化出版社，2010年，第3~60页。

⑤ 王子凡等：《中国古代菊花谱录存世现状及主要内容的考证》，《自然科学史研究》2009年第1期；李娜娜等：《中国古代牡丹谱录研究》，《自然科学史研究》2012年第1期。

为"典范"的欧阳修之《洛阳牡丹记》，其实书中并无多少关于牡丹栽培技术的介绍，而主要内容在于品评各地牡丹的高下："初，姚黄未出时，牛黄为第一；牛黄未出时，魏花为第一；魏花未出时，左花为第一。"① 当然，品评也少不了士人们的诗词歌赋，许多撰写了技术性花谱文本的作者也会同时撰写类似的诗歌集，例如卢璧曾作《东篱品汇录》介绍菊花的种植技术，但是他也同时辑录了《东篱品汇诗》"附于种植之法之后者"。② 至于明清以后大量的茶书，则基本如同花谱一般，"只是一种消遣小品，很少有参考价值"，③ 故而笔者不再赘述。通过以上的论述可见，随着"花茶谱录"在古典农书/农家中的崛起，传统农学的第二个面向也就呼之欲出，那就是"兴趣"：一方面，技术知识仍是代表了"兴趣"的"花茶谱录"的固有内容；另一方面，"兴趣"所指导下的传统农学也包含了很多技术之外的品评与鉴赏层面的知识。

坦率地说，对于"花茶谱录"的出现，并不是所有的士人都保持着乐观态度。早在南宋之时，陈振孙便表露出了不满：

> 农家者流，本于农稷之官，勤耕桑以足衣食。《神农》之言，许行学之。汉世《野老》之书，不传于后。而《唐志》著录杂以岁时月令及相牛马诸书，是犹薄有关于农者。至于《钱谱》《相贝》、鹰鹤之属，于农何与焉？今既各从其类，而花果、栽植之事犹以农圃一体附见于此，其实则浮末之病本者也。④

以上可见，陈氏认为"花茶谱录"只是农家的"浮末"，并不能与传统的"耕桑"技术知识相提并论。但是，陈振孙的观点只是士人中的特例，明代以后私人书目的撰修者几乎都支持"花茶谱录"进入农家，反而是代表了官方

① （北宋）欧阳修等著，王云整理校点：《洛阳牡丹记：外十三种》，上海：上海书店出版社，2017年，第6页。

② （明）卢璧：《东篱品汇录》卷首《东篱品汇录序》，《原国立北平图书馆甲库善本丛书》第523册，北京：国家图书馆出版社，2013年，第340页。

③ 万国鼎：《茶书总目提要》，中国农业遗产研究室编著：《农业遗产研究集刊（第二册）》，北京：中华书局，1958年，第205~239页。

④ （宋）陈振孙撰，徐小蛮、顾美华点校：《直斋书录解题》，上海：上海古籍出版社，1987年，第294~295页。

农学理念的官修书目《文渊阁书目》《国史经籍志》等支持了陈氏的看法。换言之，对于农学内容的认识在宋代以后呈现出现了官/私两条不同的发展路径，在官修书目中，那些"浮末"的"花茶谱录"往往被剔除了出去，这在作为集大成的《四库全书总目》中尤为明显：

> 农家条目，至为芜杂，诸家著录，大抵辗转旁牵……今逐类汰除，惟存本业，用以见重农贵粟，其道至大，其义至深，庶几不失《豳风》《无逸》之初旨。茶事一类，与农家稍近，然龙团凤饼之制，银匙玉碗之华，终非耕织者所事，今亦别入谱录类，明不以末先本也。①

由此可见，官府对于农学的认识似乎集中在前面所揭示的"耕桑"技术层面。但是白馥兰对于官修农书的观察，认为："官修农书……其目的在于让民众受利（利民），让国家的、社会的、道德-宇宙观的秩序得以维护。"② 例如元代官修的《农桑辑要》，其对于农业技术知识记载的目的，是希望通过这些知识去教导、统治民众，从而达到"大治"的理想状态："大哉，农桑之业，真斯民衣食之源，有国者富强之本；王者所以兴教化，厚风俗，敦孝悌，崇礼让，致太平。"③ 换言之，在官府层面来看，农业技术的推广是与政治统治的稳固无法分割开的。有意思的是，根据万国鼎先生的观察，先秦的农家并不如同《汉志》中所言那般专注在技术知识，而是一种与儒家、法家、道家类似的政治理念。④ 也就是说，传统农家诞生之初便与政治密不可分，而降至帝制时代，在技术文本的表象背后，"政治"也是传统农学的一个面向，在这一面向中，技术是必须的，但它只是手段，传统农学的"政治"面向更关心技术是否可以维护现有的统治秩序，而不关心技术更新与否。

---

① （清）永瑢等：《四库全书总目》卷一百二《农家类》,《景印文渊阁四库全书》第3册，台北：商务印书馆，1986年，第188页。

② （英）白馥兰著，吴秀杰、白岚玲译：《技术·性别·历史——重新审视帝制中国的大转型》，南京：江苏人民出版社，2017年，第234页。

③ （元）大司农司编撰，缪启愉校释：《元刻农桑辑要校释》，北京：农业出版社，1988年，第550页。

④ 王思明、陈少华主编：《万国鼎文集》，北京：中国农业科学技术出版社，2005年，第179~180页。

通过以上简单的论述，笔者大体勾勒出了传统农学体系的三重面向：技术、兴趣、政治。而且这三重面向所对应的主体也不完全一致，简单地说，技术性农学对应农民，兴趣性农学对应士人，政治性农学对应官府。但是这样的对应关系太过简单，笔者将在下文具体揭示 3 种农学与民、士、官之间的关系。

第二节　技术性农学：以民为主体

传统农学体系中的技术性面向，并不是指古农书或其他相关文献中的农业技术知识，其实，任何农业技术知识都可能出现在笔者所定义的不同面向的传统农学中。技术性农学是指农书及其相关文献所记载的知识，其目的在于指导日常农业及其相关的生产活动。因此，技术性农学所包含的便不仅仅是农业技术知识，更包括了与整个传统社会农村生活密切相关的种种"日用杂学"。正如远德玉所强调的那般，"技术是一个过程"，[①] 作为学术研究，我们固然可以将符合现代科学技术的传统农学知识抽离出来探讨，但是也不应该忘记从宏观上把握传统之时，需要将这些农业技术视作整体农人生活的一部分。

学者们都认同农书是研究传统农学最直接的史料，[②] 而正是这些农书从文本方面证实了以上观点。《齐民要术》之后，唐宋农书中一个突出特点便是岁时类农书的增多，例如《新唐书·艺文志》所增补的 11 种唐代农家类书籍中，有 9 种都是诸如《千金月令》《四时记》《四时纂要》等岁时书。[③] 虽然这些农书大部分已经佚失，但是从《四时纂要》所反映的情况来看，关于农村生活的种种杂事完全是传统农学应有之意。该书按十二月记载各时应行之

① 远德玉：《技术是一个过程——略谈技术与技术史研究》，《东北大学学报（社会科学版）》2008 年第 3 期。

② 例如曾雄生所言："农书是中国传统农学的主要载体，它不但是我们发掘和研究中国传统农学的主要依据，而且其本身的发展就是中国农学史的重要内容。"具体参见曾雄生：《中国农学史（修订本）》，福州：福建人民出版社，2012 年，第 29 页。

③ （北宋）欧阳修等：《新唐书》卷五十九《艺文三》，北京：中华书局，1975 年，第 1538 ~ 1539 页。

事，其中"嫁树法""收豆法""浸麻子法"等农业技术活动占据了绝大多数，但是每月所载的末尾仍会记载诸种"杂事"，这些事情包括了制作各种食物的方法，也包括斋戒祭祀活动，还包括了修筑房屋、晒书晒画等与农业技术完全不相干的内容。[①] 这样的农书撰写模式，既承接了《齐民要术》，又被后世的"日用通书"所继承，而这些"日用通书"在古典书目的分类体系中仍是处在农家之下的，例如明末最为重要的书目《澹生堂藏书目》农家类中便收录了《墨娥小录》《多能鄙事》《致富奇书》《居家必用》等"日用通书"，[②] 至于这些书籍所载的内容不妨以《便民图纂》为例略作探讨。《便民图纂》16卷，明人邝璠所撰，其中内容可参见表4-1。

表4-1 《便民图纂》目录表[③]

卷一	卷二	卷三	卷四	卷五	卷六	卷七	卷八
农务之图	女红之图	耕获类	桑蚕类	树艺类上	树艺类下	杂占类	月占类
卷九	卷十	卷十一	卷十二	卷十三	卷十四	卷十五	卷十六
祈禳类	涓吉类	起居类	调摄类上	调摄类下	牧养类	制造类上	制造类下

以上可见，以《便民图纂》为代表的农书虽然大体上仍是以农业技术知识为主导的，但是其中的内容其实涉及农人生活的方方面面，甚至包括了某些神秘的、形而上的祭祀活动。较为可惜的是，在前人的传统农学研究中，这些内容都是被屏蔽的。因此，笔者所定义的技术性农学，实质是农村生活中作为过程的技术性实践活动，而这类活动的主体自然就是一般的农人，也就是庶民。

第一，传统社会中的农民是技术性农学知识的主要生产者。虽然一般认为古代中国掌握了知识的阶层是士大夫，但是对于农桑之类的自然知识，孔子尚且直言"吾不如老圃"，由此可见农民在农业技术知识中的重要地位。因此，

---

① （唐）韩鄂原编，缪启愉校释：《四时纂要校释》，北京：农业出版社，1981年。

② （明）祁承爜：《澹生堂藏书目》卷八《子类第四》，《明代书目题跋丛刊》，北京：书目文献出版社，1994年，第998~999页。

③ （明）邝璠著，康成懿校注：《便民图纂》，北京：农业出版社，1959年。

在后世诸种农书中，往往见到士人记下与"老圃""老农"相交往来获取到具体技术知识的文字，例如《农说》的撰者马一龙，便经常在山林间"觅老成人考论农事"，① 而在那些属于士人兴趣领域的花谱之中，农民仍是提供具体花卉种植知识的主体，如《花小名》的序言："花问园丁名，始知业司于专也。"②

第二，农民不仅是技术性知识的生产者，也是技术性知识的主要实践者。在识字率低下的传统社会，农书的阅读者绝不可能是一般的农民，而是那些劝民耕田的劝农官与部分参与农业生产经营的地主。《齐民要术》的写作目的，贾思勰很直白地表示："鄙意晓示家童，未敢闻之有识，故丁宁周至，言提其耳，每事指斥，不尚浮辞。"③ 官修的《农桑辑要》也是希望地方的劝农官能通过该书具体指导一般农民的农业生产活动："农司诸公，又虑夫田里之人，虽能勤身从事；而播殖之宜，蚕缫之节，或未得其术，则力劳而功寡，获约而不丰矣。"④ 当然，也会有些经营地主与农民一道共同参加农业生产，《沈氏农书》中甚至记载了与雇佣农民相处的"做工之法"："只要生活做好，监督如法，宁可少而静密，不可多而草率。"⑤

第三，农民是技术性农学知识的主体，并不是说士人与官府就完全与这一类型农学无关。一方面，从前面的论述可以看出，士人与官府都撰写或编修过记录了农人所生产的农学知识的古农书，同时又以这些技术知识进一步指导农人；另一方面，士人与官府也会直接参与技术性知识的生产活动，这主要是指士人私下的或官府公开的一些农业实验。这方面，以徐光启等士大夫官僚在明

---

① （明）马一龙：《玉华子游艺集》卷二十一《耆社记》，《北京图书馆古籍珍本丛刊》第108册，北京：书目文献出版社，2000年，第749页。

② （明）程羽文：《花小名》，《说郛三种》第10册，上海：上海古籍出版社，2012年，第1863页。

③ （北魏）贾思勰原著，缪启愉校释：《齐民要术校释》，北京：中国农业出版社，1998年，第19页。

④ （元）大司农司编撰，缪启愉校释：《元刻农桑辑要校释》，北京：农业出版社，1988年，第550页。

⑤ （清）张履祥辑补，陈恒力校释，王达参校、增订：《补农书校释》，北京：农业出版社，1983年，第69页。

末华北的水稻种植与肥料生产为例，杜新豪做了相当深入的探究。① 总体看来，很多技术性实验最终仍是以失败告终，但它们毕竟丰富了传统农学在技术层面的内容。

第三节　兴趣性农学：以士为主体

从上文的探讨来看，技术性农学并没有明确的内容指向，它包含了整个农人生活的方方面面。无论是从事农桑这样的本业活动，还是艺植花茶这样的末业，都难以离开最基本的种植技术知识，因此即便是那些"花茶谱录"也包含在了技术性农学的既有之意中。那么，笔者又为何在技术性农学之外，揭示出传统农学尚存在着"兴趣"这一面向呢？这是因为技术性农学的归宿是具体从事生产实践活动的农民，而兴趣性农学的主体却是很少参与这样实践活动士人。当然，笔者并不是说士大夫阶层就不会参与具体的种植活动，而是说当他们远离具体耕桑活动却又好谈论花果园艺之时，兴趣性农学便诞生了。因此，与技术性农学的宽泛不同，兴趣性农学在内容上天然地局限在士大夫们所关注的那些"休闲"领域，也就是竹木、花草甚至动物，等等，② 落实到农书之上，便是诸种"花茶谱录"。

从历史的脉络来看，兴趣性农学正是伴随着士人力量的崛起而诞生，前揭《汉志》《隋志》的农家类中并没有所谓的"花茶谱录"，贾思勰更是在《齐民要术》中指斥那种关于花卉种植的技术知识："花草之流，可以悦目，徒有春花，而无秋实，匹诸浮伪，盖不足存。"③ 黄雯关于花卉文献的研究也指出，直到宋代花谱才蔚然大观。④ 巧合的是，与唐代及以前的贵族政治不同，宋代

---

① 杜新豪：《明清畿辅地区水稻种植中环境与技术的颉颃》，《古今农业》2014 年第 2 期；《晚明的"农业炼丹术"——以徐光启著述中"粪丹"为中心》，《自然辩证法通讯》2015 年第 6 期。

② 陈宝良：《雅俗兼备：明代士大夫的生活观念》，《社会科学辑刊》2013 年第 2 期。

③ （北魏）贾思勰原著，缪启愉校释：《齐民要术校释》，北京：中国农业出版社，1998 年，第 19 页。

④ 黄雯：《中国古代花卉文献研究》，西北农林科技大学，硕士学位论文，2003 年，第 17 ~ 30 页。

恰好是作为科举出身的士人崛起的时代。① 伴随着这种阶级的崛起，适合这些士人的兴趣领域也逐步开始形成文本，罗桂环便注意到了这一时期"鸟兽草木"文献的繁荣，他较为确切地指出：

> 宋代之所以出现这种情况，就本质而言，由于文人官吏所处的经济地位优越，对观赏花草鱼虫方面投入大量精力的结果。这些人并不太在乎一般的经济作物和粮食作物，认为那些是俗务；关注花草和美果可以得到更多的精神享受，在他们认为这是雅事。②

仅就花卉文献来看，据邱志诚的《宋代农书考论》可以统计出多达45种花谱及其相关文献。③ 到了明代，士人的权势与地位不减，因此"花茶谱录"也在这一时期发展到了极盛。以茶书为例，章传政的研究显示："以朝代分，唐和五代为16种，宋元47种，明代79种，清代42种。"④ 由此可见，这些"花茶谱录"的发展脉络几乎是与宋明士人社会的形成与发展共时的，且随着清代皇权专制的进一步加强而萎缩。

那么，以"花茶谱录"为代表的兴趣性农学在士人社会中表征是什么呢？兴趣性农学又与前揭的技术性农学有着何种差异呢？

首先，正如前文所言，"花茶谱录"中包含了技术性知识，士大夫仍需要通过与"老农"的交流获取到一些种植方法。从明代诸多花谱的记载来看，"老圃"确实为士人提供了相当多的花卉知识，卢璧自云："日与林翁野老相接。"⑤ 他在书中也确实录入了这些庶民给他提供的资料，如其书中介绍"一篰雪"这一菊花品种时，便写道："老圃曰，其花硕大有实色，其瓣茸茸然如

————————

① （日）内藤湖南著，林晓光译：《东洋文化史研究》，上海：复旦大学出版社，2016年，第104~111页。

② 罗桂环：《宋代的"鸟兽草木之学"》，《自然科学史研究》2001年第2期。

③ 邱志诚：《宋代农书考论》，《中国农史》2010年第3期。

④ 章传政：《明清的茶书及其历史价值》，《古今农业》2006年第3期。

⑤ （明）卢璧：《东篱品汇录》卷首《东篱品汇录序》，《原国立北平图书馆甲库善本丛书》第523册，北京：国家图书馆出版社，2013年，第340页。

雪。"① 但是，士人倒也不是完全接受 "老圃" 的一些认识，他们还会有自己的判断，如王路一直疑惑 "石菊" 的 "有实无实" 问题，于是 "遂问诸老圃，皆云未尝有结实者。" 但是，随后（"至甲辰八月"）王路 "于僧舍见紫色一种"，且确在其中见到了 "实"，因此王氏感叹："予初为老圃所惑，故详记之。"②

其次，兴趣性农学与技术性农学的不同在于，在 "花茶谱录" 中技术是服务于士人的品鉴活动的。林秋云对于宋代花谱的观察，敏锐地发现这一时期的诸如《洛阳牡丹记》《扬州芍药谱》《刘氏菊谱》等 "都注重搜罗各色品种，并按照一定的原则，评判其高下"，而不是记录相应的种植技术知识，因此林氏认为："宋代花谱强调的是作者的观感与评价。"③ 同样，士人的茶书撰写也主要是以品鉴为思路的，例如明人黄龙德云："若吴中虎丘者上，罗岕者次之，而天池、龙井、伏龙则又次之。"④ 而且除了品茶之外，茶书还进一步牵扯到品水，像是徐献忠的《水品》更是从 "源""清""流""甘""寒" 5个角度建构了 "水" 的品鉴体系。⑤

最后，兴趣性农学的焦点不在于技术性农学中人与自然的交往，而更加落脚于人与人的交往，自然与自然知识在这个过程中往往成为了媒介。种植花茶的目的并不是为了 "果腹"，而是为了欣赏与品鉴，在这一过程中，参与者往往不是 "独乐乐"，而是 "众乐乐"，甚至下层民众也能参与到这种活动中，欧阳修记载牡丹花期时："洛阳风俗，大抵好花。春时城中无贵贱，皆插花，

① （明）卢璧：《东篱品汇录》卷上《一霎雪》，《原国立北平图书馆甲库善本丛书》第 523 册，北京：国家图书馆出版社，2013 年，第 359 页。

② （明）王路：《花史左编》卷四《石菊》，《四库全书存目丛书》子部第 82 册，济南：齐鲁书社，1995 年，第 88 页。

③ 林秋云：《惜花有情存雅道——宋以降花谱编纂的嬗变与士人的品鉴文化》，复旦大学历史系、复旦大学中外现代化进程研究中心编：《近代中国的物质文化》，上海：上海古籍出版社，2015 年，第 164~215 页。

④ （明）黄龙德：《茶说》，朱自振、沈冬梅编著：《中国古代茶书集成》，上海：上海文化出版社，2010 年，第 415 页。

⑤ （明）徐献忠：《水品》，朱自振、沈冬梅编著：《中国古代茶书集成》，上海：上海文化出版社，2010 年，第 208~220 页。

虽负担者亦然。花开时，士庶竞为遨游，往往于古寺废宅有池台处为市，并张帷帘，笙歌之声相闻。"① 而士人更是组织多种"花会"，许多花谱实际上正是这些"花会"的产物，杨安道所撰的《南中幽芳录》即是如此，据杨氏所载："自洪武壬申，宝姬归宗隐居兰溪，建兰苑于溪边，引无为寺侧溪入苑，建曲廊书斋，春来邀友为笔会，安道集名兰三十八品为谱志。"②

第四节　政治性农学：以官为主体

传统中国的官府似乎很少主动生产农学知识。从农书角度来看，除了已经佚失的唐代的《兆人本业》外，仅元代司农司所编的《农桑辑要》与清代官方编撰的《授时通考》，可以算作官修农书。因此，笔者特意指出传统农学体系中尚存在"以官为主体"的"政治性农学"是不是牵强附会呢？其实，以上那种对于古代官府有关农书编修活动的认识并不全面：

第一，古代官府对于农学知识的参与并不仅仅体现在编撰农书之上，组织官员校刻已有的农书也是一种参与活动，例如宋代中央政府便曾刻印过《齐民要术》与《四时纂要》，"宋朝天禧四年（1020）八月二十六日利州转运使李昉请颁行《四时纂要》《齐民要术》二书，诏馆阁校刊镂本摹赐。"③

第二，以往的探讨过于关注中央层面，实际上，地方官府对于农书的编修与刊刻远比中央积极得多，像是明代最重要的农书《农政全书》，便完全是由当时南直隶与松江府官方在徐光启原本的基础上组织编修与刻印的，"《农政全书》，公经纶之一种。张大中丞与方郡伯两公，笃念民生，嘱陈卧子进士编次广传。"④

---

① （宋）欧阳修等著，王云整理校点：《洛阳牡丹记·外十三种》，上海：上海书店出版社，2017年，第6页。

② （明）杨安道：《南中幽芳录》，杨云编著：《大理古今名兰》，昆明：云南科学技术出版社，1999年，第3~4页。

③ （宋）王应麟：《玉海》卷一百七十八《食货》，《景印文渊阁四库全书》第947册，台北：商务印书馆，1986年，第587页。

④ （明）徐光启撰，石声汉校注：《农政全书校注》，上海：上海古籍出版社，1979年，第1页。

第三，官府对农业领域的关注并不仅仅是《农桑辑要》与《授时通考》中所记载的种植知识，从《农政全书》所反映的来看，维持农业生产所必须的"水利"与恢复农业生产所必须的"荒政"，也是官府应当关注的问题，因此在《四库全书总目》的农家类下，也录有《救荒本草》《泰西水法》《野菜博录》等与水利、荒政相关的书籍，① 换言之，这些书籍也是一种广义的农书。

通过以上 3 点梳理，传统社会官府对于农学参与的图景便有了很大的变化。根据笔者对于明代官刻农书的统计，当时的官员对于广义上的农书刊刻仍是相当热衷的，而且能够从内容的区分来把握这些官员的关注之处，请看表4-2。

表4-2　明代官刻农书内容分布表②

	综合性农书	蚕桑时令书	花茶饮食书	畜牧兽医书	水利荒政书
刊刻种数	10（11）	5（5）	3（6）	5（6）	16（23）
刊刻次数	17（18）	5（5）	4（7）	8（9）	22（29）

上表能明显看出，不是士人们兴趣所在的"花茶谱录"，而是具体指导农业生产的"综合性农书"与指导官员与农民保持或恢复农业生产的"水利荒政书"，才是官府所关注的农书的主流。因此，笔者所言的"政治性农学"有3 个特点：

第一，这种农学取向同样与技术性农学有着重合，实际上很多技术性农学文本也都是在官府的资助与参与之下才开始流通的。例如前面所言的《齐民要术》，它的初次刊刻正是在宋代中央政府的直接参与下完成，而该书在南宋的翻刻则成于地方官员："绍兴甲子夏，四月十八日，龙舒张使君，专使赍书

---

① （清）永瑢等：《四库全书总目》卷一百二《农家类》，《景印文渊阁四库全书》第 3 册，台北：商务印书馆，1986 年，第 188~196 页。

② 括号内的数据乃是加上了存疑农书之数，具体参见拙文，葛小寒：《明代官刻农书与农学知识的传播》，《安徽史学》2018 年第 3 期。

曰：'比因暇日，以《齐民要术》刊板成书；将广其传。'"① 后来到了明代，该书流传复渐稀少，又是地方官员马纪出面刊刻了该书："尔侍御钧阳马公直卿按治湖湘，获古善本，阅之喟然曰：'此王政之实也。'乃命刻梓范民。"② 官员除了刊刻这些技术性农书外，也会参与技术性农书的撰写，例如袁黄在宝坻的治理活动中，便试图将江南的水田耕作技术引入北方，并将相关的经验撰写成《宝坻劝农书》，进一步传播相关的技术性农学知识。③

第二，这种农学取向也与兴趣性农学类似，有着较为独特的关注领域，那就是水利与荒政。传统中国社会，民间力量相对孱弱，类似兴建水利设施这样的大型工程，几乎都要依靠政府的参与才可顺利进行。荒政层面也是一样，由于传统社会"小农"的脆弱性，一遇较大范围的灾害，几乎没有自救的可能。因此，水利书与荒政书大多是作为"政书"而被执政者所重视的，但是这些领域关注的仍是一般农人的生活，故而在一些学者的眼中，这些书籍完全是"农政"范畴的。这一点在徐光启的《农政全书》中有着非常直接的体现，是书共60卷，其中专讲水利的有9卷（卷十二至卷二十），专讲荒政的更是多达18卷（卷四十三至卷六十），换言之，《农政全书》有近一半的内容都在水利与荒政之上，故而编者陈子龙有言："水利者，农之本也，无水则无田矣……此编（指荒政），凡本朝诏令，前贤经画，条目详实，所以重民命而遏乱萌也。"④

第三，政治性农学与技术性农学、兴趣性农学的根本差异，在于这一取向的根本目的是维持既有统治。这从那些水利书、荒政书的角度很好理解，因为对于官府来说，只有维持良好的地方水利运转，才能维持地方社会的生产，同时，在灾害发生之时，也只有通过较好的实行荒政，才能较快地恢复地方秩

① （北魏）贾思勰著，石声汉校释：《齐民要术今释》，北京：中华书局，2009年，第1224页。
② （明）王廷相：《王氏家藏集》卷二十二《刻齐民要术序》，《四库全书存目丛书》集部第53册，济南：齐鲁书社，1997年，第97页。
③ （明）袁黄撰，郑守森等校注：《宝坻劝农书》，北京：中国农业出版社，2000年。
④ （明）徐光启撰，石声汉校注：《农政全书校注》，上海：上海古籍出版社，1979年，第3、4页。

上编

序。但是，其实在那些看似全然与政治无关的日用杂书中，官府仍是希望寓教化于技术的，例如《多能鄙事》这种日用杂书，明代河南布政使右参政范唯一刊刻的目的正是希望通过书中"巨细"之事对民众的规训，从而实现"天下无不可化之人"。① 因此，政治性农学本质上并不在乎技术的进步与适合与否，它更加关注一种农业技术是否有利于当前政府的统治。

综上所述，本章从古典书目中的农家分类出发，重新检讨了传统农学体系的种种面向。根据笔者的分析，传统时代的农学知识大体可以分为三个层面进行探讨：技术性农学、兴趣性农学、政治性农学。而且，这些不同的面向也可以从主体、内容与目的等层面进行概括，从而可以构筑一种自圆其说的传统农学体系图像，如表4-3。

表4-3　传统农学体系分类表

类别	主体	内容	目的
技术性农学	农民	农业生产活动	生活
兴趣性农学	士人	花茶草木鸟兽	休闲
政治性农学	官府	技术、水利、荒政	治理

当然，笔者需要进一步强调的是，这样的划分绝对不是静态的，由于主体的变迁，同样一种知识可能在不同的语境与文本流动中展示出不同的意义与目的。

最近王加华关于《耕织图》的相关研究，充分揭示了传统农学的"吊诡"之处。一方面，传统的《耕织图》毫无疑问是关于实际农事活动的刻画，它对于生产活动中技术的总结仍是具有"科技史"价值的；另一方面，这样一种技术性的《耕织图》虽然在后代不断被翻印，但是却无法把握到技术的进步，因此，《耕织图》是一种"技术传播的幻象"，它本质上是成为了德化统

---

① （明）刘基：《多能鄙事》卷首《多能鄙事序》，《原国立北平图书馆甲库善本丛书》第532册，北京：国家图书馆出版社，2013年，第461~462页。

治的工具。① 换言之，《耕织图》体现了技术性农学与政治性农学的纠葛：农民固然是技术性知识的生产者，但是官府却利用农书与《耕织图》再生产着农民。

此外，《救荒本草》在明代传播的历程则能揭示出另一种层面的转化。《救荒本草》最初毫无疑问是撰者为了荒政所为的："苟或见用于荒岁，其及人之功利，又非药石可拟也。"② 但是在晚明的刊刻活动中，该书却被鲍山抄袭改造成了《野菜博录》，书中的"治病"条被删去了，"救饥"条则被改造成了"食法"，换言之，《救荒本草》从原来具有政治层面的荒政取向，被转换成士人们所感兴趣的野菜指南。③ 因此，在以上的过程中，一般具有强势地位的政治性农学被士人们翻转成了兴趣性农学。

通过以上两个例子，笔者再次重申了本章所揭示的农学体系的复杂性，即：一种看似单纯的农学知识，很有可能在流转、改造、接受的过程中演变出3 种不一样的目的取向。因此，本章固然是为进一步理解传统农学提供一种较为切合实际的体系构造，但是，笔者也必须强调，以上的体系更多的是一种方法论的指导，它一方面能扩展我们对于传统农学内容的认定，另一方面也能让我们跳出既有的"科学技术史"研究框架，从不同层面把握古代自然知识的复杂之处。

---

① 相关研究参考王加华：《技术传播的"幻象"：中国古代〈耕织图〉功能再探析》，《中国社会经济史研究》2016 年第 2 期；《谁是正统：中国古代耕织图政治象征意义探析》，《民俗研究》2018 年第 1 期；《教化与意义：中国古代耕织图意义探源》，《文史哲》2018 年第 3 期。

② （明）朱橚撰，王锦绣、汤彦承译注：《救荒本草译注》，上海：上海古籍出版社，2015 年，第 1 页。

③ （明）朱橚原著，王家葵等校注：《救荒本草校释与研究》，北京：中医古籍出版社，2007 年，第 439~464 页。

下　编

第五章 《农桑辑要》引《齐民要术》来源考

　　《齐民要术》10 卷，北魏贾思勰所撰。《四库全书简明目录》称其为"农家诸书，无更能出其上者"，① 由此可见该书之于文献学、古农学之价值。然是书向无善本，且"文词古奥"（四库馆臣语），清人读之已多不便，遑论今人。所赖西北农学院（今西北农林科技大学）石声汉教授与中国农业遗产研究室缪启愉教授各出校释，是书始有善本可观也。② 尝考石、缪二人并栾调甫、天野元之助、肖克之等诸先生论著，可知《齐民要术》版本自北宋天圣年间镂版以来分为三大系统：③ 第一，北宋崇文院刻本系统（即天圣本），原刻国内早已无存，目前日本高山寺尚藏有该本的卷五、卷八与杂说、卷一之残页，同时，日本还藏有北宋刻本系统的抄本，即所谓"金泽文库旧抄卷子

---

　　① （清）永瑢等：《四库全书简明目录》卷 10《农家类》，上海：上海古籍出版社，1985 年，第 375 页。

　　② 《齐民要术》的校勘整理始于 1955 年农业部召开的"整理祖国农学遗产座谈会"，当时决定该书"由南京农学院万国鼎教授和西北农学院石声汉教授合作；分别校释后，相互校审；然后整理，作出一个比较易读易懂的注释本。"因此，石声汉先生在 1957 至 1958 年率先出版了 4 册《齐民要术今释》，该书又在 2009 年再版。1965 年，南京农学院中国农业遗产研究室的缪启愉先生又撰成《齐民要术校释》，然碍于"文革"，1982 年才得以正式出版，随后缪先生又对这一初版进行了修订，1998 年完成了第二版的《齐民要术校释》。以上石、缪二人校勘各有特色，并为目前《齐民要术》校勘中的善本。具体参考如下，（北魏）贾思勰著，石声汉校释：《齐民要术今释》，北京：中华书局，2009 年；（北魏）贾思勰著，缪启愉校释：《齐民要术校释（第二版）》，北京：中国农业出版社，1998 年。

　　③ 石、缪二人的讨论详见上引两种校勘本，其余学者的研究略举如下，栾调甫：《齐民要术考证》，台北：文史哲出版社，1994 年，第 47～65 页；（日）天野元之助著，彭世奖、林广信译：《中国古农书考》，北京：农业出版社，1992 年，第 28～42 页；肖克之：《〈齐民要术〉的版本》，《文献》1997 年第 3 期；等等。

本"，该本较之原刻，尚存 9 卷（缺卷三），且此种抄本已是根据另一仁安抄本转录，故而时有错脱；第二，南宋张辚刻本系统（即龙舒本），该本原刻已经完全佚失，现存《四库丛刊》影印的"江宁邓氏群碧楼藏明抄本南宋本"可观其大概，另有所谓"校宋本"多种，即以某种《齐民要术》为底本，利用南宋本进行校对，此种"校宋本"清人颇多转录，俱详缪启愉论述，不赘；第三，明代马纪刻本系统（即湖湘本），该本为时任湖广巡按御史马纪（字直卿）所刻，据其所言为"获古善本"，但是学界一般认为马氏所刻及其底本并非"善本"，其中错脱、倒页比比皆是，但是影响确实最大，后世明清诸种刻本皆以此为底本刊刻而成。

如上版本梳理，可大体明晰《齐民要术》在宋以降流传之脉络，其中颇为清晰的线索有二：第一，《齐民要术》在两宋基本沿着"北宋崇文院刻本→南宋张辚刻本"的传承进行流转，据南宋本所存葛祐之序云："盖此书，乃天圣中，崇文院校本；非朝廷要人不可得。使君得之，刊于州治，欲使天下之人，皆知务农重谷之道；使君之用心可知矣。"① 第二，《齐民要术》在明中期马纪刊刻后，后世诸本无论校正与否，皆在此本的基础上刊刻而成，肖克之曾总结道："《要术》历清后各种版本大多依湖湘本、秘册本、津逮本和学津讨源本参校而成。不过这几个本子同出一源，其原刻的错误依然如故。"②

然而以上的两条线索都明显忽略了南宋本以后、湖湘本以前这一时段，也就是说，目前学界对于《齐民要术》在宋末、元代以及明初的流传情况仍缺乏深入的探讨。因此，自日本学者天野元之助到最近杨现昌的专著，都对有无元刻《齐民要术》这一问题颇多关注。虽然元刻并未发现，但是在书目记载与学者传闻中，则似乎仍有踪迹可寻。莫友芝《郘亭知见传本书目》中提到："元刊本《要术》，每页二十行，行大字十八字。"③ 又，栾调甫《〈齐民要术〉版本考》小字载："近闻刘君仲华言：'囊蓄一本，板式绝似元椠，取校津逮

---

① （北魏）贾思勰著，石声汉校释：《齐民要术今释》，北京：中华书局，2009 年，第 1224 页。
② 肖克之：《〈齐民要术〉的版本》，《文献》1997 年第 3 期。
③ （清）莫友芝撰，傅增湘订补，傅熹年整理：《藏园订补郘亭知见传本书目》，北京：中华书局，1993 年，第 101 页。

本，墨等脱文大体相同。'惜亦未记行款。"① 因此，大部分学者仍是相信存有所谓元刻《齐民要术》的。然而，爬梳近今人之探索，可观史料亦止以上二条，且清人莫友芝去元已远，栾氏所记则又出于传闻，故笔者以为有无元刻，未可轻论。

不过，虽然元人有无元刻尚为悬案，但是元人确曾存有、阅读、利用某种《齐民要术》殆无疑虑。考元代司农司所编官修农书《农桑辑要》，其中征引《齐民要术》之处比比皆是，石声汉据"武英殿聚珍本"《农桑辑要》考察了该书与《齐民要术》之关系，他写道：

> 《辑要》不仅思想、结构体系以《齐民要术》为模板，也还以《要术》为材料重要来源；全书五百七十二条技术资料，有二百二十五条出自《要术》，几乎是全书的五分之二（实际是39.3%）。②

然殿本所刊实出自《永乐大典》，故经明清两朝辑录，石氏所据实与元人所编之书差距甚远。之后，缪启愉另据上海图书馆藏元刻《农桑辑要》重新校勘与分析了该书，其对于是书所引《齐民要术》之统计如下："《辑要》引书内容的多少，约略统计一下，《要术》占第一位，约二万字，占全书六万五千余字的百分之三十一。"③ 由此可见，无论所据何本，《农桑辑要》确实大量引录了《齐民要术》，进言之，元代中央政府藏有某种《齐民要术》当是无疑。因此，《农桑辑要》实质上保存了《齐民要术》在元代流传的痕迹，探索《农桑辑要》所引《齐民要术》的来源问题，分析《农桑辑要》所引《齐民要术》与诸种宋本、明本《齐民要术》的异同，可以从一个侧面揭示《齐民要术》在宋元明的流传情况，这也正是本章撰写的目的。

---

① 栾调甫：《齐民要术考证》，台北：文史哲出版社，1994年，第53页。
② 石声汉校注：《农桑辑要校注》，北京：中华书局，2014年，第301页。
③ （元）大司农司编撰，缪启愉校释：《元刻农桑辑要校释》，北京：农业出版社，1988年，第33页。

第一节　元刻《农桑辑要》引《齐民要术》概况

《农桑辑要》的版本流传并不复杂，该书在元代先后有两个版本，并印刷了多次。第一个版本即元世祖至元十年（1273）所成的初版，即当年王磐序《农桑辑要》所言：

> 农司诸公……遍求古今所有农家之书，披阅参考，删其繁重。撮其切要，纂成一书，目曰'农桑辑要'。凡七卷；镂为版本，进呈毕，将以颁布天下，属予题其卷首。①

第二个版本即成于元仁宗延祐元年（1314）的再版，据改本在至治二年（1322）重印时，蔡文渊所作序云："逮我仁宗皇帝，充绳祖武，轸念民事，以旧板弗称，诏江浙省臣端楷大书，更镂诸梓。"② 随后元英宗至治二年（1322）、元明宗天历二年（1329）、元顺帝至元五年（1339）又先后刊印了延祐本《农桑辑要》，是书也因此流传渐广。据胡道静的统计，以上诸种元刻《农桑辑要》在元代至少刊印了一万多部，③ 但是到了明清时期，《农桑辑要》元刻本的流传实际已经非常稀少了，钱曾在《读书敏求记》中写道：

> 延祐元年，皇帝旨意里"这农桑册子字样不好，教真谨大字书写开板"。盖元朝以此书为劝民要务，故郑重不苟如此。序后资行结衔皆江浙等处行中书省事官。则知是板刊于江南，当日流布必广。今所行惟小字本，而此刻绝不多见，何耶？④

钱氏所指的小字本，莫友芝以为"疑即胡文焕本也"，⑤ 换言之，逮至清

---

① 石声汉校注：《农桑辑要校注》，北京：中华书局，2014年，第1页。

② （元）蔡文渊：《农桑辑要序》，李修生主编：《全元文》第46册，南京：凤凰出版社，2004年，第29页。

③ 胡道静：《秘籍之精英　农史之新证——述上海图书馆藏元刊大字本〈农桑辑要〉》，《图书馆杂志》1982年第1期。

④ （清）钱曾撰，丁瑜点校：《读书敏求记》卷三《农家》，北京：书目文献出版社，1984年，第85页。

⑤ （清）莫友芝撰，傅增湘订补，傅熹年整理：《藏园订补郘亭知见传本书目》第2册，北京：中华书局，1993年，第104页。

代元刻《农桑辑要》已然难见，更为流传的是明末诸种丛书（《格致丛书》《田园经济丛书》）中所刻之本。然清人所通行之本则来源于《永乐大典》，乾隆朝刻《武英殿聚珍版书》，《农桑辑要》遂为其中一种，于是后世所刻如"清道光十年（1830）福建刻本""清光绪二年（1876）黄竹斋刻本""清光绪十四年（1888）南高世德堂刻本"等皆从此殿本而重刻。①

清人也很早便认识到殿本《农桑辑要》对于当时流传的诸种《齐民要术》有相当的校勘之用。一方面，《农桑辑要》本身就是模仿并大量借鉴《齐民要术》的产物，如四库馆臣所云该书"大致以《齐民要术》为蓝本，芟除其浮文琐事，而杂采他书以附益之。"② 前揭石声汉、缪启愉的研究也证明了这一点。另一方面，《齐民要术》本身在清代并无善本流传，主要见诸世人的是以湖湘本为底本的《秘册汇函》本与《津逮秘书》本。湖湘本历来被学者认为是《齐民要术》的"劣本"之祖，钱曾亦称其为"删落颇多""文注混淆""殊可笑也"，③ 之后《秘册汇函》的编者胡震亨与《津逮秘书》的编者毛晋的校补则不甚理想，馆臣批评道："校勘者不尽能通，辗转讹脱，因而讹异，固亦事所恒有矣。"④ 正是在这一背景下，清人认为殿本《农桑辑要》源自《永乐大典》，当保存元人所见《齐民要术》之实况，相较脱误众多的明刻本，应更切合宋本《齐民要术》。例如《学津讨原》本《齐民要术》便是黄廷鉴利用"殿本"《农桑辑要》校勘而成，"琴六黄君录示《农桑辑要》中所引诸款，文注详备，因得据以订定如初。"⑤ 但是清人所利用校勘的《农桑辑要》并非元代流传下来的刻本，而是经过《永乐大典》的抄录与修《武英殿聚珍

① 武英殿聚珍本之后，翻刻该本《农桑辑要》的约有八种，俱见《中国古籍总目》的介绍，不赘。参见中国古籍总目编纂委员会编：《中国古籍总目·子部》第 1 册，上海：上海古籍出版社，2010 年，第 304 页。

② （清）永瑢等：《四库全书总目》卷一百二十《农家类》，《影印文渊阁四库全书》第 3 册，台北：商务印书馆，1986 年，第 190 页。

③ （清）钱曾撰，丁瑜点校：《读书敏求记》卷三《农家》，北京：书目文献出版社，1984 年，第 85 页。

④ （清）永瑢等：《四库全书总目》卷一百二十《农家类》，《影印文渊阁四库全书》第 3 册，北京：商务印书馆，1986 年，第 189 页。

⑤ （清）张海鹏：《齐民要术跋》，《学津讨原》第 6 册，扬州：广陵书社，2008 年，第 692 页。

版书》辑录后的"殿本",经过两次转录,元代《农桑辑要》本来的面目实际已经有了很大改变了。目前,上海图书馆尚保存国内唯一一种元刻《农桑辑要》七卷本,该本半页9行,行15字,黑口,双鱼尾,四周双边,偶见明人补版。缪启愉根据此本比勘"殿本"认为后者远不如前者,大致原因有3条:"殿本打乱了元刻的篇、章体系","殿本的严重错、脱""殿本的改动和加按"。① 换言之,清人校勘《齐民要术》所用的《农桑辑要》并未如同上图藏本一般保存了元人所见《齐民要术》的原貌。因此,顾廷龙在影印元刻《农桑辑要》之时特别强调:"元刊《辑要》不仅足补今本《辑要》漏缺,还能校正今本《要术》讹字,尤属可贵。"②

本章所要利用的正是上海图书馆藏元刻《农桑辑要》,目前该书已经收录在《续修四库全书》第975册中,故其影印本较为易见。那么,《农桑辑要》引录《齐民要术》的情况如何呢?

首先,元刻《农桑辑要》对于征引书籍有明确的标识,缪启愉总结为:"即直接引自某书者,其书名刻为黑底白字,外加白框。"③ 而这样一种标识其实是从卷二才开始的,因此该书卷一《典训》虽然也录有摘自《齐民要术》的内容,但笔者认为并不能算作是严格意义上的引用。至少从《农桑辑要》的编辑者来看,卷一中所录《齐民要术》的内容是与卷二以后的征引有本质上的差异,它们也不是关于具体农业技术知识的内容,大部分都是概而论之的劝农"典训"。那么,本章所要探讨的《农桑辑要》引《齐民要术》的情况,便是指前者卷二以后,有明确标识指向为引自《齐民要术》的内容。

其次,有关《农桑辑要》征引了多少条《齐民要术》的问题,前揭石声汉的观点是有225条出自后者,但是石氏所据之本乃是"殿本",而该本并无

---

① (元)大司农司编撰,缪启愉校释:《元刻农桑辑要校释》,北京:农业出版社,1988年,第7~30页。

② 顾廷龙:《顾廷龙文集》,上海:上海科学技术文献出版社,2002年,第213页。

③ (元)大司农司编撰,缪启愉校释:《元刻农桑辑要校释》,北京:农业出版社,1988年,第15页。

明显标识某段某条出自何书，因此石声汉的统计实有缺陷。同时，刘毓璟也曾据"殿本"统计《农桑辑要》辑录《齐民要术》的条数，他认为前者一共有99段的内容来自后者，这又与石声汉的统计差异颇多，也从一个侧面暗示了"殿本"的不可靠。[①] 因此，笔者根据元刻《农桑辑要》重新梳理了该书征引《齐民要术》的情况（表5-1）。

表5-1 《农桑辑要》各卷征引《齐民要术》数量表

卷数	引用条数	所引《齐民要术》卷数
卷二 耕垦 播种	15	杂说、卷一、卷二
卷三 栽桑	9	卷五
卷四 养蚕等	10	卷五
卷五 瓜菜 果实	29	卷二至卷四
卷六 竹木 草药	25	卷三至卷六
卷七 孳畜禽鱼岁用杂事	7	卷六
合计	95	杂说、卷一至卷六

由表5-1可见，元刻《农桑辑要》中明确标明征引自《齐民要术》的条目共有95条，占据了全书征引条目的绝大多数，从字数统计来看，缪启愉指出《农桑辑要》共引用《齐民要术》"约两万字"，相较来看，《农桑辑要》所征引的其他农书都"没有超过一万字的"。[②]

再次，这里分析《农桑辑要》征引《齐民要术》时的内容偏好。根据表5-1，似乎《农桑辑要》在卷五、卷六关于"瓜菜""果实""竹木""草药"等方面更喜欢辑录《齐民要术》中的内容，但是表5-1并未给出其他征引书籍的数量，因此缺乏更为坚实的比较研究，下表通过更细密的统计，来看《农桑辑要》各卷中征引《齐民要术》的具体情况（表5-2）。

---

① 刘毓璟：《农桑辑要的作者、版本和内容》，中国农业遗产研究室编著：《农业遗产研究集刊（第一册）》，中华书局，1958年，第215~226页。

② （元）大司农司编撰，缪启愉校释：《元刻农桑辑要校释》，农业出版社，1988年，第33页。

表5-2 《农桑辑要》各卷征引情况表

卷数		征引新添总数		引《齐民要术》条数		引其他农书条数		新添	
卷二	耕垦	3	31	1	15	2	14	0	2
	播植	28		14		12		2	
卷三	栽桑	32		9		23		0	
卷四	养蚕	70		10		60		0	
卷五	瓜菜	47	69	18	29	22	29	7	11
	果实	22		11		7		4	
卷六	竹木	31	67	15	25	9	29	7	13
	药草	36		10		20		6	
卷七	孳畜	11	16	4	7	7	8	0	1
	禽鱼	4		3		0		1	
	杂事	1		0		1		0	
合计		285		95		163		27	

由表5-2可见，除了卷三、卷四，《农桑辑要》其余各卷征引《齐民要术》的情况都几乎达到了全卷征引与新添总数的近一半，也就是说，《齐民要术》中关于土地耕作与作物种植等方面的农业知识在元代仍具有相当的活力。但在蚕桑方面则稍有落后，《农桑辑要》更多的是从《士农必用》《务本新书》等金元之际诞生的农书中去辑录相关知识条目的。

最后，《农桑辑要》的编撰者并不是被动地从《齐民要术》乃至其他各种农书中辑录农学知识条目的，元司农司的官员在纂修《农桑辑要》时，其实对原有的文本都进行了一定层面的加工。

第一，《农桑辑要》在不少条目之下都"新添"了若干农学知识，而这些都是其所辑录的农书中未见记载的，从表5-2来看，《农桑辑要》"新添"的内容主要集中在"瓜菜""果实""竹木""草药"等具体作物之上，天野元之助对此解释为：

　　这本书初稿完成之时，正是元灭金后的第三十九年，还处于与南宋对立的时期。此书就是这个时期以华北为中心的农业指导书。但是到了至元十六年（1279 年）灭了南宋而统治全中国的情况下，对于南方的重要作物就有补充的必要了。因此卷五新增了橙、橘、枦子，卷六添加了甘蔗。①

第二，《农桑辑要》对之前农书的辑录也有较为明确的技术性取向，而并非泥沙俱下，照抄诸种古农书的内容。对此，鲁奇具体分析了《农桑辑要》辑录时的特点，他总结为如下两条：一方面，"《农桑辑要》在摘录前代农书时有意删去了大量迷信成分"；另一方面，"《农桑辑要》在选录前代农书时删去了大量无农学价值的内容和对生产无意义的文字"。②

第三，《农桑辑要》的编撰者也会对原有的古农书文本进行一定的补充，由此充实相应的农业技术知识。例如该书卷一引《齐民要术》原文为："七月、八月犁㯹杀之，为春谷田，则亩收十石。"由于古今度量衡的差异，《农桑辑要》的编者在此句之后小字作案云："一石大约今二斗七升，十石今二石七斗有余也，后《齐民要术》中石斗仿此。"此处毫无疑问是编者所加，以明古今"石""斗"转换的比率。③

回顾本节，笔者认为上海图书馆藏元刻《农桑辑要》比"殿本"更能代表元代司农司官员所见到的《齐民要术》的实况。而且《农桑辑要》中确实留存了大量征引自《齐民要术》的条目，这就为我们探讨《农桑辑要》所引《齐民要术》的来源提供了可能。但是，《农桑辑要》也不是全然照抄后者的，《农桑辑要》对征引《齐民要术》原文时的加工，则是处理其征引来源时需要重点考虑之处。

第二节　《农桑辑要》引《齐民要术》卷五详考

由于《农桑辑要》乃是元人所撰，因此该书所引的《齐民要术》只有可

① （日）天野元之助著，彭世奖、林广信译：《中国古农书考》，北京：农业出版社，1992 年，第 113 页。

② 鲁奇：《中国古代农业经济思想：元代农书研究》，北京：中国科学技术出版社，1992 年，第 63~65 页。

③ （元）司农司：《农桑辑要》卷二《耕垦》，《续修四库全书》第 975 册，上海：上海古籍出版社，2002 年，第 91 页。

能是元代或元之前的《齐民要术》版本。目前已知的元以前的《齐民要术》有两种，即上文所言的北宋崇文院刻本与南宋张辚刻本。因此，《农桑辑要》所引《齐民要术》的来源，或是出自北宋本，或是出自南宋，又或是出自一种目前尚未发现的"别本"，大体而言，不外乎以上几种可能。目前对于这一问题有过一定研究的学者唯见元刻《农桑辑要》的校释者缪启愉，缪氏虽未专门就此问题撰成论文，但是在校勘过程中，也透露了部分观点，例如在卷三"桑杂类"条下所引《齐民要术》的注释1中，他写道："此处《辑要》所录，多与《要术》院刻、金抄相同，而与南宋本不同，反映《辑要》所用有北宋本《要术》。"不过在另外一些注释下，缪氏似乎又认为《农桑辑要》又曾以南宋本《齐民要术》作校勘，见卷二"麻子"条下所引《齐民要术》注释5："《辑要》编者所用《要术》，似以北宋本为基础，而参校以南宋本。"同时，缪氏还会认为《农桑辑要》所引《齐民要术》乃是不同于以上两宋本的别本，像是卷五"蒜"条下引《齐民要术》注释3中写道："反映《辑要》所用《要术》似乎是某一两宋系统本而为现在所未见者。"以上可见，缪启愉在校勘《农桑辑要》的过程中发展出3种不同的关于其所引《齐民要术》来源的观点。①

当然，由于缪氏的目的是校勘《农桑辑要》，而并非系统探讨其中的引书来源，因此对于以上抵牾之处应该报以"理解之同情"。但是缪氏的困惑也反映了一个问题，那就是由于现存的材料过少且无善本可循，探讨《农桑辑要》所引《齐民要术》的来源难度确实不小。

一方面，不仅《农桑辑要》对于《齐民要术》的征引存在加工、改写的可能，而且《农桑辑要》本身就是在不断修改中诞生的。目前，至元十年的初版《农桑辑要》已经佚失，考《元史·畅师文传》云其至元二十三年（1286）"上所纂《农桑辑要》书"，②一般认为这是元代关于《农桑辑要》的第一次修订，随后，苗好谦于至大二年（1309）"献种苎之法……其法出《齐

---

① （元）大司农司编撰，缪启愉校释：《元刻农桑辑要校释》，北京：农业出版社，1988年，第116、第210、第329页。

② （明）宋濂等：《元史》卷一百七十《畅师文传》，北京：中华书局，1976年，第3995页。

民要术》等书。"至大三年（1310）元武宗便"申命大司农总挈天下农政，修明劝课之令"，① 故《续文献通考》以为苗氏为《农桑辑要》作者，② 实际情况应是在至大年间朝廷根据苗好谦所献的"种莳之法"再一次修订了该书。现存的元刻《农桑辑要》则是延祐年间再版的复刻，因此该本其实已经是经过了畅师文与苗好谦两次修订了。

另一方面，《齐民要术》也没有非常精善的宋本可供参考。从北宋本来看，日本高山寺所藏的若干残卷是目前唯一可据的宋刻《齐民要术》，但是仅存卷五、卷八与若干残页，而据称以此本过录的"金泽文库旧抄卷子本"则已经是二次转抄，其中抄手之疏漏可想而知，未可轻信其中所录就是北宋本的实况。从南宋本来看，虽然《四库丛刊》影印的"江宁邓氏群碧楼藏明抄本南宋本"保存了十卷本的《齐民要术》，但是它同样是个抄本，且版本来源仅知出于南宋本系统，至于是否出自龙舒本原刻则尚有争议。③ 除此之外，还有所谓的"校宋本"存在，但是这些校本无一能给出具体所参考的宋本来源，例如黄丕烈所藏之校宋本，黄氏在题跋中写道：

> 此校本不知谁人手笔，开端载有宋本行款，并于细书夹注误为大字正文之处，亦经校出，版刻无字处，间有填补，一似真见宋本者，惜未详纪原委。④

而黄氏所藏校宋本又经陆心源、孙诒让等不断转录，本来即"未详记原委"，转录之中，异闻频现，故而不足为南宋本之依据。

以上可见，由于《农桑辑要》经过多次修订，而《齐民要术》自北宋以来并无完善的刻本可供参考，因此对于《农桑辑要》引《齐民要术》来源问题的考辨必须十分慎重。从前文可知，目前唯一一种可见的宋刻《齐民要术》

① （明）宋濂等：《元史》卷九十三《食货一》，北京：中华书局，1976年，第2356页。

② （明）王圻：《续文献通考》卷一百七十九《农家》，《续修四库全书》第765册，上海：上海古籍出版社，2002年，第448页。

③ 相关不同意见主要集中在孙金荣的专著中，具体参见孙金荣：《〈齐民要术〉研究》，北京：中国农业出版社，2015年，第168~178页。

④ （清）黄丕烈撰，余鸣鸿、占旭东点校：《黄丕烈藏书题跋集》卷四《齐民要术十卷》，上海：上海古籍出版社，2015年，第191页。

乃是日本高山寺所藏的崇文院刻本，该本可以说是唯一可信的宋本《齐民要术》，虽然崇文院刻本仅存两卷及部分残页，但是它却真实地反映了北宋刻本的情况。因此，笔者认为，与其笼统地谈论整个《农桑辑要》引用《齐民要术》的情况，不如专注于考察《农桑辑要》之引录与崇文院刻本尚存之卷重合的部分，因为只有通过这一部分的探讨才能把握《农桑辑要》所用《齐民要术》来源与北宋本的联系。崇文院刻本尚存完整的卷数是卷五与卷八，而从表 5-1 可以看出，《农桑辑要》卷三、卷四、卷六中所引《齐民要术》多涉及后者的卷五，而卷八则未见引录。因此，本节的重点就在探讨《农桑辑要》引《齐民要术》卷五若干条目的具体情况。

当然，北宋本系统除了崇文院刻本残卷外，还有日本金泽文库的抄本，而南宋本系统则仅存《四部丛刊》影印的明抄本，因此以上两种抄本亦会作为下文考证的参考。此外，国内现存最早的刻本明代马纪刻湖湘本《齐民要术》则版本来源不清，为了进一步梳理《齐民要术》在宋末至明中期的流传情况，该本也在笔者的考察范围。至于种种根据湖湘本之翻刻、校刻以及版本来源不清的所谓"校宋本"则一般不予考虑，免得节外生枝，将问题复杂化。同时为了行文方便，下文将以"院刻"代指北宋崇文院刻本、"金抄"代指金泽文库抄本、"明抄"代指明代影抄南宋本、"明刻"代指湖湘本。①

首先，需要梳理《农桑辑要》所引《齐民要术》卷五的具体条目。根据表 5-1 可知，《农桑辑要》主要在该书卷三、卷四、卷六中引录了《齐民要

---

① 这里简要介绍一下以上所用各本的情况，院刻笔者使用的是罗振玉《吉石庵丛书》中所录的影印日本高山寺所藏北宋崇文院刻本，该本的优点是完全保存了北宋刻本的实际情况，缺点则是未录杂说与卷一之残页，但是本节主要讨论《齐民要术》卷五被引用的情况，因此问题不大。金抄则利用的是 1948 年日本农林省农业综合研究所影印的金泽文库抄本。明抄所用的则是较为常见的《四部丛刊》影印的江宁邓氏群碧楼藏明抄本南宋本，此亦是孤本，无他本可参考。明刻利用的则是南京农业大学中国农业遗产研究室所藏的明代马直卿刻本，该本似乎山东博物院、上海图书馆亦有藏，尚未及寻访，由于该本未有影印，且颇为珍贵，特此感谢农遗室的诸位老师所提供的帮助！以上所用文献的版本参考信息如下，罗振玉：《罗雪堂先生全集初编》第十七册《吉石庵丛书·北宋明道本齐民要术残卷》，台北：大通书局，1973 年，第 7239~7369 页；（后魏）贾思勰撰：《齐民要术》，东京：东京农林省农业综合研究所，1948 年；（后魏）贾思勰撰：《齐民要术》，《四部丛刊》初编，上海：上海书店，1989 年；（后魏）贾思勰撰：《齐民要术》，南京农业大学中国农业遗产研究室藏明嘉靖三年（1524）马纪刻本。碍于篇幅，下文的具体探讨不再给出以上诸种文献的出处。

术》卷五中的相关内容，且分别引录了 9、10、16 条，共计 35 条，约占整个引录条数的 37%，可见还是具有相当代表性的。至于具体的引录内容，《农桑辑要》卷三、卷四共 19 条的引用都是来源于《齐民要术》卷五《种桑、柘第四十五（养蚕附）》，而卷六所引 16 条则颇为分散，其中 6 条来自《种槐、柳、楸、梓、梧、柞第五十》，《种榆、白杨第四十六》与《伐木第五十五》则各有两条，其余《种棠第四十七》《种谷楮第四十八》《种竹第五十一》《种红蓝花、栀子第五十二》《种蓝第五十三》《种紫草第五十四》各有 1 条，整个卷五仅《漆第四十九》未见《农桑辑要》引录。因此，整体来看，《农桑辑要》仍是把《齐民要术》卷五的精华引录完毕了。

其次，《农桑辑要》中引录《齐民要术》卷五的条目与《齐民要术》原书（无论院刻、金抄、明抄、明刻）存在大量相异之处。以上所计 35 条仅《农桑辑要》卷四所引 5 条内容与诸种《齐民要术》完全一致，而这些没有异文的条目有一个共通的特点，那就是短小：请看：

4.1　《齐民要术》："《春秋考异邮》曰：蚕，阳物，大恶水，故蚕食而不饮。"

4.5　《齐民要术》："屋内四角着火。火若在一处，则冷热不均。"

4.6　《齐民要术》："比至再眠，常须三箔，中箔上安蚕，上下空置。下箔障土气，上箔防尘埃。"

4.8　《齐民要术》："调火令冷热得所。热则焦燥，冷则长迟。"

4.10　《齐民要术》："《淮南子》曰：原蚕一岁再登，非不利也，然王者法禁之，为其残叶也。"①

至于其余 30 条引文，则大多存在各种各样的异文问题，大体所引文字越长，异文问题也就越多越明显。

再次，考察存有异文的 30 条引文，其中所异之处不过如下几种：脱字/词，衍字/词，误字/词，以及整句、整段消失的脱句和多出整句、整段的衍

①　该条在《农桑辑要》卷四所引《齐民要术》的排序情况，例如 "4.1" 即是指该条在《农桑辑要》卷四所引《齐民要术》诸条中排列第 1 位，以此方便查考，下同不赘。

句。下面依次详细论述：

第一，脱字/词。由于《农桑辑要》是征引《齐民要术》的相关内容，而且现存延祐本《农桑辑要》据前所述，已经经过了多次的修订、翻刻，因此在这一摘录、翻刻过程中，部分《齐民要术》原文的字词存在脱去的现象是十分正常的。据笔者统计，《农桑辑要》所引《齐民要术》卷五的诸条目中，有14处存在脱去字词的情况，其中13条与诸本相比皆然，请看：

　　3.2　即日以水淘取［子］，晒燥，仍畦种。

　　3.2　即以手溃之，以水［灌］洗取子。

　　3.4　先概种三年，然后更移［之］。

　　3.5　阴相接［者］，则妨禾豆。

　　3.5　相当［者］则妨犁。

　　3.9　多掘深坑，［于坑］中种桑柘者。

　　6.3　［司部］收青英，小蒸，曝之。

　　6.3　《诗》云：我有旨畜，亦以御冬［也］。

　　6.4　明年正月［中］，剥去恶枝。

　　6.9　［亦］方两步一根，两亩一行。

　　6.17　花出，［欲］日日乘凉摘取。

　　6.18　蓝地欲［得］良，三遍细耕。

　　6.18　晨夜再浇［之］。

以上所引可见，《农桑辑要》引《齐民要术》时所脱去的字词具有以下两个特点：第一，所脱去的字词大多置于某一句话的句首或句尾，仅"以水［灌］洗取子""蓝地欲［得］良"两句是脱去了句中的某字；第二，所脱去的字词大多为虚词，如"之""者""也""亦"，这些词没有实际意义，并不影响文意的理解。因此，笔者认为以上的脱字/词情况仅仅是《农桑辑要》在转引《齐民要术》时疏漏的结果，并不能构成判断前者所引后者来源的证据。此外，以上的脱字/词情况，在院刻、金抄、明抄、明刻中却统一没有出现，换言之，即便存在所谓的"别本"《齐民要术》，也不太可能在这些地方与以上诸种版本相异。但是，在脱字/词现象中，也有一处值得注意，那就是《农桑辑要》所引 6.4 条 "畼中宽狭，正似［作］葱垄。" 该条在院刻、金抄中皆与《农桑辑要》所引相同，并无 "作" 字，也就是不存在脱字/词的情况，但是在明抄、明刻中，却都有 "作" 字，也就是说，《农桑辑要》相对明抄、明刻脱去了 "作"。对于此处是否应该加 "作" 字，笔者不予置评，但是这一差异也在暗示《农桑辑要》所引《齐民要术》可能更接近北宋本。

第二，衍字/词。《农桑辑要》引《齐民要术》卷五相关条目中，衍出某字某词的情况并不多，综合统计仅有八条，但是这八条所体现的问题却比上文讨论的脱字/词现象略为复杂。首先，有 5 条衍字/词的例子是与诸种《齐民要术》的原文都有差异的，如下：3.5 条 "（桑栽）大如臂许。" 4.9 条 "（蚕）老时，值雨者则坏茧。" 6.3 条 "故须蘖林长之三年，乃（可）移种。" 6.9 条 "可于大树四面掘（作）阬。" 6.17 条 "（花）作饼者，不得干，令花浥郁。" 以上可见，这些衍出的 "可""作""花" 等字于文意亦无太大相关，应与前揭脱字/词现象相同，都是《农桑辑要》编者在引用时或有意（使句子更为通顺）或无意所致。其次，有一处衍字的情况在《齐民要术》诸本中存在分歧，据《农桑辑要》所引《齐民要术》3.2 条，条中又据《齐民要术》转引了《氾胜之书》，在《农桑辑要》中写道："氾胜之书曰：种桑法……" 查院刻、金抄相同段落则录为："氾胜之曰：种桑法……" 而在明抄和明刻中此句却与《农桑辑要》所引相同，记为："氾胜之书曰：种桑法……" 换言之，《农桑辑要》此句所引，相较于北宋本（院刻、金抄）则似乎为衍文，但是却与明抄与明刻相同。出现这种情况有以下两种可能：第一，《农桑辑要》所引《齐民要术》当与明抄、明刻的原本相同，或即为南宋龙舒本；第二，"书" 字乃是《农桑辑要》编者所加，毕竟在《齐民要术》中多处引自《氾胜之书》的内容都录为 "《氾胜之书》曰"，此处院刻、金抄或为脱误，故而编者补足。最后，在《农桑辑要》所引 6.16 条中却出现与以上所言相反的情况，该条录记为 "宜黄白软良之地"，与院刻、金抄、明抄同，但是明刻却脱 "宜" 字，而同一条又有 "用子二升半"，与院刻、金抄同，但是明抄、明刻却作 "用子二升"，脱 "半" 字。换言之，以上两例说明《农桑辑要》所引原文中也有与院刻、金抄相同，但是相对于明抄、明刻则为衍字的情况。至于以上两种现象，哪一种更能说明《农桑辑要》所引的出处，还需通过进一步的分析才可得出结论。

第三，误字/词。与脱、衍不同，《农桑辑要》引用过程中的误字/词情况非常之多，因此也成为笔者判断其所引《齐民要术》来源的重要依据。关于《农桑辑要》引《齐民要术》原文中的字词之误，大体可以分为两种情况，即其引某字某词与院刻、金抄、明抄、明刻四种《齐民要术》皆误，抑或是其引某字某词与以上四种《齐民要术》中某一种或几种相同却与另一种或几种相异。这里先来讨论第一种情况，据笔者统计，这种与任何一种《齐民要术》原文都存在误字的情况约有 3 种，但是这些误字/词情况大部分是可以得到很好的解释的：甲、形误，例如 3.7 条有"必须长梯高杌"，而此句在诸本中皆作"必须长梯高机"，"杌"与"机"显然形误，还有类似的如"二月"引作"三月"，"摇"引作"掐"，"料"引作"科"，等等，均是如此，以上这种情况共有 25 种；乙、意同，例如 4.9 条"宜于屋内簇之"，此句在《齐民要术》原文中则作"宜于屋里簇之"，虽然"内"与"里"字形差异颇大，但是意思则完全一致，应是编辑者引用之时无意引错所致，同样还可见一些小字的注音，例如 6.4 条"桡"字注意为"奴孝切"，原文则作"奴孝反"，实际都是同样一种注音，这种意同而字异的情况则有 11 种；丙、异体字，例如 6.3 条有句作"中为车毂及蒲桃缸"，"缸"字在《齐民要术》诸本中则作"瓨"，即现今的"缸"字，又如 6.16 条某句作"镇之令褊"，而在《齐民要术》中"褊"则作"扁"，二字亦为异体，类似的情况不多，仅有 3 种；丁、还有一些则是《农桑辑要》编者粗心，将某些字词颠倒了，例如 6.11 条《农桑辑要》作"不须复裹"，而诸本《齐民要术》则作"不复须裹"，明显后者较为顺畅，又如 6.15 条引《齐民要术》转引《孟子》云"斧斤不入山林"，该句在《齐民要术》中则作"斤斧不入山林"，这种情况也仅有 3 种。除了以上 31 种明显是出于《农桑辑要》编辑时加工所造成的误字/词现象之外，还有两种情况需要另外讨论。一则是 3.2 条"治畦下种，一如葵法。"该条在《齐民要术》原文中作"治畦下水，一如葵法。"另一则是 6.10 条"漫田，即再劳之。"该条原文为"漫散，即再劳之。"以上"种"与"水"、"田"与"散"

的差异很明显不是前文提到的 4 种情况，那么，这是否暗示《农桑辑要》所引《齐民要术》来源于 1 种未知的"别本"呢？笔者认为这样的观点并不能成立，因为以上两条《农桑辑要》的引录明显是错的，前者云"治畦下种，一如葵法"，故检《齐民要术》卷三《种葵》，其中明显写道："春必畦种水浇……下水，令彻泽。"也就是说，"一如葵法"应当指的是"治畦下水"而非"治畦下种"，因为"治畦"本就包含了"下种"。后者所谓"漫田"则不知所云，原文的"漫散"就很好理解，即漫散种子。假如以上两条错误的引录确实来自《农桑辑要》所引《齐民要术》原文的话，只能说明这种《齐民要术》并非什么善本，甚至不如久被诟病的明刻，但是从清人和今人的研究来看，《农桑辑要》中的引录远比入明以后的诸种《齐民要术》要善得多，因此造成"种"与"水"、"田"与"散"的字误当并非源自所引的《齐民要术》，而仍是《农桑辑要》的编者编辑疏失或理解有误所致。

下面讨论第二种误字/词的情况，即《农桑辑要》引某字某词与本节所用 4 种《齐民要术》中某一种或几种相同却与另一种或几种相异。据笔者的统计，以上这种情况在本节所探讨的文本中共出现过 47 条，但是其中有两条院刻并不清楚，又有 10 条明刻完全脱去，也就是说这 12 条缺乏共同比较的平台。因此，下表列出了其余 35 条的误字/词情况，由此作为下文分析的基础（表 5-3）。

表 5-3 《农桑辑要》引《齐民要术》卷五误字/词比较表

序	《农桑辑要》原文	院刻	金抄	明抄	明刻
1	3.1 鲁桑百，丰绵帛。	同"绵"	同"绵"	作"锦"	作"锦"
2	3.2 即以手溃之。	作"溃"	作"溃"	同"渍"	同"渍"
3	3.3 不如压枝之速。	同"枝"	同"枝"	作"技"	同"枝"
4	3.3 不如压枝之速。	同"速"	同"速"	作"远"	同"速"
5	3.6 斸地令起。	同"斸"	同"斸"	作"断"	作"断"
6	4.2 近地则子不生。	同"地"	同"地"	作"下"	作"下"
7	6.1 下田得水即死。	同"即"	同"即"	作"则"	作"则"
8	6.3 尤忌捋心	同"捋心"	作"特心"	作"捋之"	作"采心"

序	《农桑辑要》原文	院刻	金抄	明抄	明刻
9	6.3 捋心则科茄不长。	同"不"	同"不"	作"太"	作"太"
10	6.3 十年成毂。	同"毂"	同"毂"	作"縠"	同"毂"
11	6.3 陈草速朽。	同"速朽"	同"速朽"	作"还根"	同"速朽"
12	6.3 棠杜康反。	同"棠杜康"	同"棠杜康"	作"掌止两"	作"长止两"
13	6.4 且天性多曲。	同"天"	同"天"	同"天"	作"本"
14	6.5 天晴时，少摘叶。	同"摘"	同"摘"	作"摘"	同"摘"
15	6.6 若不和麻子种。	同"和"	同"和"	作"知"	同"和"
16	6.6 卒多冻死。	同"卒"	同"卒"	作"率"	同"卒"
17	6.6 二月中间斸去恶根。	同"斸"	同"斸"	作"斫"	同"斸"
18	6.7 绳拦宜以茅裹。	同"裹"	同"裹"	作"里"	同"裹"
19	6.8 若不拦。	同"拦"	同"拦"	作"烂"	同"拦"
20	6.8 必为风所摧。	同"摧"	同"摧"	作"推"	作"推"
21	6.8 气壮故长。	同"气"	同"气"	作"而"	作"无"
22	6.8 河柳白而明。	同"明"	作"斗"	作"朏"	作"朏"
23	6.9 以楸有角者名。	同"以"	同"以"	同"以"	作"似"
24	6.9 梓楸之疏理。	同"梓楸"	同"梓楸"	作"楸梓"	作"楸梓"
25	6.9 楸既无子。	同"既"	同"既"	同"既"	作"即"
26	6.9 一行百二十树。	同"树"	同"树"	作"株"	作"株"
27	6.9 五行合六百树。	同"树"	同"树"	作"株"	作"株"
28	6.9 胜于松柏。	作"柏松"	作"柏松"	同"松柏"	同"松柏"
29	6.12 常令净洁。	作"絜"	作"絜"	同"洁"	同"洁"
30	6.15 为其未坚韧也。	同"未"	同"未"	作"木"	同"未"
31	6.16 其利胜蓝。	同"胜"	同"胜"	作"藤"	同"胜"
32	6.17 留余即合。	同"留余"	同"留余"	作"余留"	作"余留"
33	6.17 十百为群。	同"十百为"	同"十百为"	作"十百余"	作"百十余"
34	6.17 摘取即碓捣。	同"碓"	同"碓"	作"确"	同"碓"
35	6.18 栽时宜并功急手。	同"功"	同"功"	作"工"	脱

统计表 5-3，《农桑辑要》所引部分字词与院刻相同的有 32 条，与金抄相同的有 31 条，与明抄相同的仅有 6 条，与明刻相同的则有 16 条。复查所引与院刻相异的 3 条，即序号 2、28、29，其中"渍"与"溃"明显是形误，"松柏"与"柏松"也应是编辑时的无心之举，"絜"则是"洁"的另一种写法。换言之，从误字/词的情况来看，《农桑辑要》所引《齐民要术》非常接近院刻为代表的北宋本，故而转录自院刻的金抄也有 31 条与其相似，唯一多出的一条序号 8，"挦心"与"特心"，明显是金抄则抄录过程中失误所致。相反，以明抄为代表的南宋本则与《农桑辑要》的引用有极大的差异，相同之处仅有 6 条，甚至不如被认为是《齐民要术》劣本之祖的明刻。当然，由于明抄本身是后人抄录而成，其中亦有明显的抄手疏失，例如序号 1 "绵"与"锦"、序号 31 "胜"与"蕂"，等等，大概都是抄手之过，并不一定反映了南宋本的实际情况，但是笔者还是认为以上误字/词的现象能够说明南宋本《齐民要术》并非《农桑辑要》的引录来源，主要原因有二：第一，表 5-3 中还有很多情况似乎并非抄手失误所致，例如序号 12，北宋本与《农桑辑要》均作"棠，杜康反"，而明抄却作"掌，止两反"，"棠"与"掌"或是形误，但后面注音绝不可能也是形误，但是抄手所抄之本即亦如此；第二，校宋本也提供了相当旁证，说明明抄与《农桑辑要》之异，并不完全是抄手所致，其实也是南宋本原就如此的结果，例如序号 16，《农桑辑要》及北宋本作"卒多冻死"，明抄作"率多冻死"，查笔者手头所有《群书校补》本《齐民要术》之校宋本，可知此处校者所见南宋本亦作"率多冻死"，[①] 可见序号 16 之异并非"卒"与"率"的形误，而是南宋本原文即是"率"。以上两点足证明抄所据南宋本《齐民要术》并非《农桑辑要》的引书来源也。至于明刻的情况，则稍显复杂。一般认为，明刻《齐民要术》相当低劣，肖克之称其为"颇多错字、脱文、空格、墨钉、脱页，历来受人指责。"[②] 但是从上表的观感来看，抛开明刻脱去的部分不谈，其存有的文字似乎要比明抄更接近北宋本，明刻与

---

① （清）陆心源辑：《群书校补》卷二十三《齐民要术》，清光绪刻本。

② 肖克之：《〈齐民要术〉的版本》，《文献》1997 年第 3 期。

北宋本（院刻、金抄）相同的之处有 12 条，而与明抄相同的条数则有 15 条，相差不大。考虑到明刻本身录有南宋本葛祐之的序文，则其与明抄当是有共同来源的，这又牵扯到南宋本《齐民要术》及诸种校宋本之间的关系，这里不再展开讨论，笔者将另撰文考察这一问题。

第四，脱句。正如前文所介绍的一般，《农桑辑要》在征引《齐民要术》时是存在加工的，而这种加工主要体现在两个方面，王毓瑚对此有如下概括："像那些名称的训诂，以及一切涉及迷信或荒诞无稽的说法，几乎完全弃置不用。这样就使得本书成为一个使用价值极高的农学读本。"① 也就是说，《农桑辑要》对《齐民要术》的征引活动并不是被动的，而是会删去其中与农业技术知识无关以及迷信层面的内容。进一步来说，《农桑辑要》所引的《齐民要术》与原文相比所出现的脱句情况，应该不是来源版本的差异，而是编者有意的加工。据笔者的统计，《农桑辑要》引《齐民要术》卷五的条目中，共有 32 处存在脱句的情况，而且这些脱句相较于院刻、金抄、明抄、明刻皆是如此。因此，脱句的现象不能讨论《农桑辑要》所引是来源于北宋本还是南宋本，但是它们也未必代表《农桑辑要》所见的《齐民要术》乃是北宋本、南宋本之外的别本。其一，《农桑辑要》引文中有 25 处脱句情况是因为《齐民要术》原文与农业技术知识无关所致，较为具有代表性的 3.9 条，该条一共有九处脱句，请看：

> 三年，间斸去，堪为浑心扶老杖。[一根三文] 十年，中四破为杖，[一根直二十文] 任为马鞭、胡床[马鞭一枚直十文，胡床一具直百文] 十五年，任为弓材，[一张三百] 亦堪作履。[一两六十] 栽截碎木，中作锥、刀靶[音霸，一个直三文] 二十年，好作犊车材。[一乘直万钱]……十年之后，便是浑成柘桥。[一具直绢一匹]……十年之后，无所不任。[一树直绢十四]

以上可见，此条所脱去的 9 句话均为小字，且其中内容主要是说明物品的价格，而这些内容既与技术知识无关，也仅反映了《齐民要术》那个时代的情况，对于元人而言并无用处，因此《农桑辑要》的编辑者将它们删去合情

---

① 王毓瑚：《中国农学书录》，北京：中华书局，2006 年，第 110 页。

合理。其二，《农桑辑要》的脱句中有一些是《齐民要术》原文有误之处（共3条），例如 4.7 条云："蚕初生，用荻扫则伤蚕。"该句在诸种《齐民要术》的原文中均作："初生以毛扫，用狄扫则伤蚕。"可见《农桑辑要》中脱去了"初生以毛扫"，而另补了"蚕初生"，但是根据缪启愉的分析，初生之蚕用"毛扫"也不是一种很好的选择，而且这样一种认识在南宋时便为人所知，如陈元靓《博闻录》云："切不可以鹅翎扫拨。"且该句也为《农桑辑要》所引，正在《齐民要术》条之后。可见，为了缓解所引内容的矛盾，编纂者是会选择删去《齐民要术》有误之处的。以上两种情况共占到 32 处脱句的 28 处，也就是说大部分脱句都是《农桑辑要》的编者有意为之的。不过，笔者确实也发现 3 处脱句未可简单视之为编辑者的加工，现罗列如下：

3.2　放火烧之，[常逆风起火] 桑至春生一亩。

3.3　率五尺一根。[未用耕故。凡栽桑不得者，无他故，正为犁拔耳。是以须概，不用稀；稀同耕犁者，必难慎，率多死矣；且概则长疾。] 大都种植长迟，不如压枝之速。

6.6　二月中，间斸去恶根。[斸者地熟楮科，亦所以留润泽也]

此外，还有一处 6.8 条云"以绳拦之"，该句在《齐民要术》原文则作"每一尺以长绳柱拦之"。以上 4 条所脱，笔者并不知其具体原因，或是编者另有考量，或是引录之时失误，抑或是所据《齐民要术》竟无此 4 句，实在不得而知了。

第五，衍句。据笔者统计，《农桑辑要》在引用《齐民要术》卷五的内容中，有 4 处多出了一句话，而该句则未见任何《齐民要术》著录。有学者认为："《辑要》引书相当严谨，恐非《辑要》所加，则其所据《要术》与今本不同。"[1] 但是通过笔者上文分析，《农桑辑要》的编辑者是会对于所引的《齐民要术》的相关内容作出一定加工的，既然他们会删去相应内容，自然也可能增补一些文字。同时，《齐民要术》北宋本与南宋本究竟如何，其实并无确切的善本可以依据，仅仅院刻所残存的两卷能确切代表北宋本的实况。因此，此处考察《农桑辑要》所引《齐民要术》卷五时所多出的语句，正是来

———————

① （元）大司农司编撰，缪启愉校释：《元刻农桑辑要校释》，北京：农业出版社，1988 年，第 120 页。

检验该书所添究竟是依据别本，还仅仅是撰者所加。请看4处多出之处：

3.3 （桑椹畦种），明年正月，移而栽之。

6.15 或火煏，（皮逼反）。

6.17 耐久不黦，（纡物反，色坏也）。

6.18 五遍为良，（七月中种蓝淀）。

以上4处大体能够代表整部《农桑辑要》在引《齐民要术》之时的两种衍句问题。首先来看3.3条与6.15条，两条分别衍在所引条目的句首或句末，考察前一条"桑椹畦种"，虽然《齐民要术》中并无此句，但是《农桑辑要》所引的"明年正月，移而栽之……"这条之上，原文为：

桑椹熟时，收黑鲁椹，黄鲁桑，不耐久。谚曰："鲁桑百，丰锦帛。"言其桑好，功省用多。即日以水淘取子，晒燥，仍畦种。治畦下水，一如葵法。常薅令净。

由此可见，该条的内容就可以概括为"桑椹畦种"，而以上这条《农桑辑要》也并非没有引用，而是引用在了3.2条下，换言之，此处《农桑辑要》的编者一方面避免了引文之间的重复，另一方面则照顾到突然引"明年正月，移而栽之……"过于突兀，因此较为巧妙地通过"桑椹畦种"概括了前引的内容，并为此处所引作了铺垫。假如"桑椹畦种"是所谓"别本"《齐民要术》所有的那就相当奇怪了，因为《农桑辑要》也引了"桑椹熟时……"这段话，换言之那个"别本"中也有此句，那么这个"别本"又为何在此句话后面增加概括性的"桑椹畦种"呢？这样的操作显然是不可理喻的。同样的道理也在6.18条中出现，该条所衍之句为"七月中种蓝淀"，而此句所接之句的原文即为："七月中作坑……蓝淀成矣。"也就是衍句所概括的内容。因此，以3.3和6.18条所代表的衍句情况，并不能代表《农桑辑要》所引的是"别本"《齐民要术》，这些衍句只是一种概括。

至于6.15条与6.17条则有些复杂，它们都是对于某字的注音，这样的衍句情况在整个《农桑辑要》引《齐民要术》的活动中都相当普遍，而《齐民要术》本身的注音问题就是学者们持续争论的焦点。四库馆臣贾思勰原作并无注音，今本所见的注音都是"孙氏"所加：

考《文献通考》载李焘《孙氏〈齐民要术〉音义解释序》曰："贾

思勰著此书，专主民事，又旁摭异闻，多可观，在农家最嵬然出其类。奇字错见，往往艰读。今运使秘丞孙公为之音义，解释略备。其正名辨物，盖与扬雄、郭璞相上下，不但借助于思勰也。"则今本之注盖孙氏之书。①

但是，对于馆臣的观点，余嘉锡在《四库提要辨证》中给予了激烈的反驳，他认为孙氏乃是南宋时人，而《齐民要术》北宋本中已有注音，故而"今本句下之注不出于孙氏，亦明矣。"② 而农史专家梁家勉却认为孙氏之注并不在南宋之时，而在北宋院刻之前，"孙氏本人则另藏有原稿在家，经过若干时，他的子孙为了表彰先德，才将稿本托请李焘作序。"③ 以上这种过于离奇的观点并未在学界获得支持，例如郭文韬先生在《贾思勰评传》中便点评道："我们认为这种解释有些牵强，说服力不够。"④ 因此，整体来看《齐民要术》中的注音虽然仍不知道是谁、何时所加，但是其与"孙氏"应该无关。

不过，《农桑辑要》引录《齐民要术》的内容中，在很多字下面都加了原文没有音注，这些音注究竟是《农桑辑要》撰者所增，还是"别本"《齐民要术》中的内容，抑或是所谓"孙氏"的《齐民要术音义解释》呢？笔者认为，通观整部《农桑辑要》来看，仍是编撰者所加的可能性更大，原因也很简单，那就是《农桑辑要》的其他引文和"新添"中，也有加入音注，以下各举一例：《农桑辑要》卷二"大小麦"条下引《四时纂要》云："可以二年不蛀。音注，虫也。"据原文查未有此音注，可见是编者所加；又，《农桑辑要》卷二"苎麻"条下"新添"云："不然，着水虚悬。在把蒲巴反平。"亦为编者所加。以上两例足证，既然《农桑辑要》的编者会在其他引文以及"新添"之条中为部分字词注音，那么该书在引《齐民要术》原文中所多出的注音自然也是编者所为了。

综上所述，笔者以《农桑辑要》引《齐民要术》卷五为基础，详细考察

---

① （清）永瑢等：《四库全书总目》卷一百二十《农家类》，《影印文渊阁四库全书》第3册，台北：商务印书馆，1986年，第188页。

② 余嘉锡：《四库提要辨证》，北京：中华书局，1980年，第621~629页。

③ 梁家勉：《〈齐民要术〉的撰者、注者和撰期》，倪根金主编：《梁家勉农史文集》，北京：中国农业出版社，2002年，第19~26页。

④ 郭文韬、严火其：《贾思勰、王祯评传》，南京：南京大学出版社，2001年，第49页。

了引文与院刻、金抄、明抄、明刻等四种《齐民要术》原文的差异，尤其针对其中相异文字的脱、衍、误等情况进行了具体的比较与分析。整体来看，笔者认为以上的考察能够初步得到以下两个结论：

第一，《农桑辑要》所引《齐民要术》并没有明显迹象表明来自已知诸本之外的"别本"，当然，前者的引文中有许多都与诸种《齐民要术》存在不同的差异，但是笔者通过上文的叙述，大体能确定这些差异主要是由于《农桑辑要》编者的失误或编者有意为之所致，并不能就这些差异推测存在所谓的"别本"《齐民要术》。

第二，《农桑辑要》所引《齐民要术》当是来自北宋崇文院刻本系统，甚至有可能是北宋崇文院刻本的原本，而并非更接近其时代的南宋龙舒本《齐民要术》，有关这一点在误字/词现象中存在非常明显的分野。

第六章 《墨娥小录》成书时间小议

《墨娥小录》（下文简称《小录》）是明代广为流传的日用通书，郑振铎在《西谛书话》中给予了较高评价："《小录》里毕竟还有不少科学技术方面的好的成就和经验的记录……在日常应用上和科学技术史上，却大是值得注意保存之，甚至应该加以发扬光大之的。"[①] 不过，由于是书并未著录作者，学界对于它的成书时代仍较为模糊。王毓瑚在《中国农学书录》中，认为该书性质接近明中期以后诞生的《便民图纂》《多能鄙事》等，而将此书断代在明代中叶。[②] 至于《小录》的作者，也有一些学者参与讨论，其中张增元认为："《墨娥小录》的编者是明代戏曲家胡文焕。"[③] 郭正谊则在细致考察了《小录》的文本后，提出了该书作者乃是元末明初江浙士人陶宗仪的观点。[④] 不过，就在郭氏文章发表后，署名"如石"的研究者从"氢化铵"的古代写法出发，认为郭氏"根据写作'硇砂'，还是'硇砂''碙砂'来判定一部书的辑录时代是靠不住的。"[⑤] 白化文也在《读〈墨娥小录〉》一文中认为郭氏的考证"缺乏强有力的第一手材料的支持"。[⑥] 因此，目前陶宗仪的研究者也未

① 郑振铎：《西谛书话》，北京：生活·读书·新知三联书店，1998 年，第 504~505 页。
② 王毓瑚：《中国农学书录》，北京：中华书局，2006 年，第 135 页。
③ 张增元：《〈墨娥小录〉的编者是明代戏曲家胡文焕》，《文艺研究》1980 年第 2 期。
④ 郭正谊：《〈墨娥小录〉辑录考略》，《文物》1979 年第 8 期。
⑤ 如石：《〈墨娥小录〉辑录考略〉补正一则》，《文物》1980 年第 3 期。
⑥ 白化文：《读〈墨娥小录〉》，《文史知识》2012 年第 5 期。

下编

将《小录》纳入其著述的范畴。① 由此可见，有关该书的成书时间与撰者身份仍有进一步讨论的空间。笔者认为，目前的史料虽然已经难以判定该书是否为陶宗仪所撰，但是却可以将其成书时间确定在元末明初，甚至是元末。

第一节 《墨娥小录》诞生于"明后期""明中期"说不可信

通过上文的介绍，有关《小录》的成书时间，大概可以分为"元末明初说"（郭正谊）、"明中期说"（王毓瑚）、"明后期说"（张增元）3 种。但是略检3家的说法，几乎都未有较为有力的证据。根据《中国古籍总目》的介绍，《小录》有十四卷本与一卷本两种。其中十四卷本存有以下5种：格致丛书本（万历刻，新刻墨娥小录）、明隆庆五年（1571）吴继聚好堂刻本、明抄本（存卷一至卷五）、清乾隆二十年（1755）学圃山农刻本、清刻本；一卷本有3种：清乾隆三十二年（1767）杏香堂刻本、清光绪十年（1884）学圃山农刻本、清刻本。② 由此可知，该书在明代均以十四卷本传播，而到了清中期以后，部分刊刻者将此书缩略为一卷本传世（即郑振铎介绍的"袖珍本"）。那么，为了求得该书的成书时间，还是需将考察重心放在3种明代刻本或抄本之上。

前揭张增元的短文认为"《墨娥小录》的编者是明代戏曲家胡文焕"，据于为刚的考证："胡文焕，字德甫，号全庵，一号抱琴居士，钱塘人，生于明万历中……他的刻书活动主要在万历二十年（1592）至万历末这一段时间……他刻过多种丛书，但都包括在《格致丛书》中。"③ 而《小录》确实有一种"格致丛书本"，因此假如张增元的判断正确，那么该书之成不当早于万

---

① 例如余兰兰的博士论文《陶宗仪著述考论》仅在考辨陶氏所撰《金丹密语》后提到"《墨娥小录》可能是陶宗仪的作品"，并介绍了一下郭正谊的研究，具体参见余兰兰："陶宗仪著述考论"，华东师范大学，博士学位论文，2015 年，第 167~168 页。

② 中国古籍总目编纂委员会编：《中国古籍总目》子部第 4 册，上海：上海古籍出版社，2010 年，第 1909 页。

③ 余为刚：《胡文焕与〈格致丛书〉》，《图书馆杂志》1982 年第 4 期。

历年间。查考国图所藏格致丛书本《新刻墨娥小录》，全书共 14 卷，每半页10 行，每行 20 字，白口，左右双边，白双鱼尾，书前有未署名《墨娥小录引》一篇，每卷卷端均书"新刻墨娥小录卷之某"，换行书"钱塘全庵道人胡文焕德甫校"，可见该书是非常标准的"格致丛书本"。① 而据该书每卷卷端所言，《小录》并非胡文焕所撰，而是他校刻而成，且书前所录引文亦有言："不知辑于何许人，并无脱稿行于世……余因订其讹舛，益其缺略，命工镂版以成秩。"且不论此引文是否胡文焕所撰，至少胡氏认同该书撰者与成书时间均不知，也就说明了胡文焕并非该书的撰者。那么，该书定在万历二十年胡文焕开始刊刻《格致丛书》前便有相当的流传了，例如李诩所撰《戒庵老人漫笔》卷四"山林穷四和"条小字部分便录有："《墨娥小录》四弃饼子者，与此相同。"② 而李诩在万历二十一年（1593）便已作古，基本没有看到《格致丛书》的可能。此外，从上文的版本介绍来看，万历之前并不是没有《小录》的刊刻。同见于国家图书馆馆藏，另有一种隆庆年间吴继所刻的《小录》存世，且为《中国科学技术典籍通汇·化学卷》影印。该刻本亦 14 卷，每半页10 行，每行 20 字，白口，左右双边，单黑鱼尾，书前有署名"隆庆辛未七夕之吉前寻阳郡长启玄道人吴继识"所作的《刻墨娥小录引》一篇，内容与前揭胡文焕刻本之未署名的《墨娥小录引》完全一样，每卷卷段则题"墨娥小录卷某"。③ 至于正文内容，就笔者对照来看，未见任何相异之处，当是出于同版，而胡氏刻本中未署名的小引，也在吴氏刻本中还原了作者（即吴继）。那么，胡文焕刊刻时所题的《新刻墨娥小录》当是相对于吴继在隆庆年间所刻的《小录》而言的。同时据前揭引言的介绍，吴氏自然也不是该书的撰者，而是"订其讹舛，益其缺略"的校刻者，但是这一刻本的发现至少将《小录》的成书时间推至万历，甚至隆庆之前，《小录》成于"明后期"的说法也就不

---

① 佚名：《新刻墨娥小录》，国家图书馆藏格致丛书本。

② （明）李诩撰，魏连科点校：《戒庵老人漫笔》卷四，北京：中华书局，1982 年版，第 166~167 页。

③ 佚名：《墨娥小录》，《中国科学技术典籍通汇》化学卷第 2 册，郑州：河南教育出版社，1994 年，第 451~543 页。下文所引《墨娥小录》一般均出此影印本，碍于篇幅，后文不再出注。

攻自破了。

　　除了以上两种明刻本之外，《小录》还有一种明抄本存世，亦藏于国家图书馆。相较于以上介绍的两种明刻本，这种明抄本《小录》并未被相关研究者所关注。但是通过吴继的引文可知，在他刊刻《小录》之前，此书一直是以抄本的形式流传的，因此现存的这种明抄本与两种明刻本的关系就值得进一步梳理。

　　较为可惜的是，现存的明抄本《小录》仅存 5 卷（卷一至卷五），且无任何引文序跋，甚至也没有相应的目录，而正文蓝格，每半页 9 行，每行 22 字，四周单边，单白鱼尾，每卷卷端题"墨娥小录卷之某"。① 对比明抄本与两种明刻本，它们的文字语言还是存有不同的：一方面指的是部分字词的用法存在差异，例如卷一"造青膏纸"条末句，两种明刻本均写作"用之甚妙"，而抄本则作"用之甚好"，又如卷三"太膳白酒方"条，其中有句两种刻本均作"右为细末"，而抄本则为"右为末细"；另一方面是指抄本的文字运用明显不如刻本，有缺字少字的，如卷二"令犀有聪眼"条，两种刻本末句作"用前一方为妙"，抄本则作"用前一方妙"，缺"为"字，也有多字衍文的，如卷三两种刻本有"北酒方至妙"条，而在抄本中则写作"北方酒方至妙"，衍"方"字，更有不知所云的，如卷三"白酒药方"条，刻本小字云"松江孙以贞传"，而抄本小字则录为"松江贞以传"。同时，除了文字语言之外，抄本在正文之中也缺失了一些内容，主要有如下两处：卷三，抄本少"酱蟹法"与"藏干鱼法"两条；卷四，抄本少"千里茶""蜜姜汤""生脉汤"三条。而且以上这种内容的缺失，可能并非由于后世对于抄本的增补造成的，因为抄本卷三虽然未录"酱蟹法"，但是却在"鏖槽蟹法"条的正文后多加了"酱蟹法"三字，却无任何内容，随后紧接着的是"干虾不变色"条，换言之，"酱蟹法"的缺失应是由于抄手的失误（郑振铎持这一观点），而并非原本无此条。

　　通过以上的比较，可以发现明抄本《小录》不仅在语词上，还是内容上，

---

　　① 佚名：《墨娥小录》，国家图书馆藏明抄本。

都与两种明刻本有着一定的差异，那么，吴继所见并为之刊刻的抄本也就不是这种明抄了。接下来的问题是，这种抄本究竟是来源于两种明刻，还是另有源头呢？重新对照几种《小录》，笔者认为现存的明抄本应有另外的版本来源，其中关键证据是卷四"天香饼子"条，该条末句在吴继刻本中写为："右为细末，入糯米饭，捶数千下，捶愈多则愈坚愈妙，□□印花样阴干。"该本缺字处为墨钉，而胡文焕后来所刻"格致丛书本"《小录》正是翻刻吴继的刻本，因此同卷该条亦如上引，只不过墨钉换作了"○○"。但是查明抄本同一句，则很完整的写作："右为细末，入糯米饭，捶数千下，捶愈多则愈坚愈妙，随意印花样阴干。"换言之，被刻本墨钉的两个字应该为"随意"，而且"随意"的用法在《小录》中确实常见，例如卷一"印花法"条，有句便写作："其花样随意雕刊。"因此，此处"随意"二字，当不是抄手擅自加入，而是抄手所见之本确有的，这也就是说明了抄手所见的《小录》绝非以上两种刻本，而是另一种流传的抄本，同时证明了《小录》确曾以抄本的形式流传于江浙。那么，抄本《小录》究竟是什么时间开始在明代流传开来的呢？从笔者目前搜集到的史料看，《小录》至少在弘治年间便已然出现在一些士人的论著之中，也就是说，王毓瑚所猜测该书诞生在"明中期"的可能性还是存在的。

这里所说的弘治年间的士人论著主要指的是当时松江府士人宋诩的若干作品，它们包括《宋氏家规部》《宋氏养生部》《宋氏树畜部》，等等，这些书籍后来被明末宋懋澄合编为《竹屿山房杂部》刊刻出版。而在宋氏的撰著中引用《小录》之处几乎比比皆是，它们有的直接标明引用自《小录》，例如《竹屿山房杂部》卷十一所录《树畜部三》，其中"种蔬菜法"条下小字写道："《墨娥小录》云：用桐油脚入粪内，一顺搅，十分匀，浇菜根，黄冲杀尽再不生。"又如同卷"瓠"条小字云："《墨娥小录》云：瓠藤跗剖之，插巴豆一粒，二三日后，瓠柔可纽，随去巴豆，瓠复鲜活。"[1] 也有的一些引用并未标注来自《小录》，但是对照相应文本，还是能确定其出处的，例如《竹

---

① （明）宋诩：《竹屿山房杂部》卷十一《树畜部三》，《景印文渊阁四库全书》第871册，台北：商务印书馆，1986年，第263、268页。

屿山房杂部》卷十三《尊生部一》"黄梅汤"条云：

> 每黄梅一斤，大者劈作六块，小者四块，去仁。用盐五两，甘草末一
> 两半，檀香末半两，姜丝一两，青椒叶少许，拌和匀，置瓷器中，粗布罩
> 口，晒熟收藏甚妙，极有风味。或不用拌和，先以盐少许铺器底，梅块一
> 层，撒盐料一层，层皆如之，上以盐盖，亦好。①

而在《小录》卷四中，以上一段话同样出现在了"黄梅汤"条下，仅略
有差异，请看：

> 每黄梅一斤，大者劈作六块，小者四块，去仁。用盐五两，甘草末一
> 两半，檀香末半两，姜丝半两，青椒叶少许，拌和丸，置瓷器中，粗布罩
> 口，日晒熟收藏妙甚，最有风味。或不用拌和，先以盐些少铺器底，梅块
> 一层，撒盐料一层，层层皆如之，以盐盖，极妙。

同时，通过《竹屿山房杂部》中的引文，还能发现宋诩所见的《小录》
并不同于现存的明刻本、明抄本，主要证据除了上引语词方面的细微差异外，
更为关键的一条来自《竹屿山房杂部》卷二《养生部二》"杏姜汤"条，该
条同时出现在《小录》卷四《汤茗品胜》中，对照两条的文字完全相同，《竹
屿山房杂部》应是照录《小录》无疑，但是在前者的抄录中却在小字部分多
出了"夏兰渚云"字样，② 复检现存三种明刻、明抄《小录》，其中卷四"中
山府盐菜""搭白酒"条明确标明是"夏兰渚传"，但是"杏姜汤"条则无一
标注来自"夏兰渚"。由此可知，《养生部》中所录的《小录》应是当时流行
的另一种抄本，换言之，在吴继刊刻《小录》之前，至少有 3 种不同的抄本
《小录》在江浙地区流传着（即吴继所见本、国图藏明抄本与宋诩所见）。

接下来要解决的问题是，宋诩究竟是何时期的人物，以及被编入《竹屿
山房杂部》中的这些论著究竟撰于何时。四库馆臣在为该书作提要时，以为
宋诩是《竹屿山房杂部》的编者宋懋澄的祖父，这种认识并不准确（"诩子公

---

① （明）宋诩：《竹屿山房杂部》卷十三《尊生部一》,《景印文渊阁四库全书》第 871 册，台北：
商务印书馆，1986 年，第 287 页。

② （明）宋诩：《竹屿山房杂部》卷二《养生部一》,《景印文渊阁四库全书》第 871 册，台北：
商务印书馆，1986 年，第 149 页。

望……公望子懋澄"），① 崔富章对此已经辩正，并指出宋懋澄为宋公望曾孙，宋诩则为宋公望从父。② 而据宋懋澄所撰《曾王父西庄公本传》记载："曾王父，讳公望，字天民，别号西庄……生天顺六年（1462）八月初八日，卒嘉靖元年（1522）七月初八日。"③ 且宋诩辈分还大于宋公望，故而他的活动时段当在天顺六年（1462）至嘉靖元年以前，大体应处于明中前期。另，《四库全书》所录《竹屿山房杂部》并未收录宋诩为自著所撰的序文，而这些文章则收录在了原刻本中，藏于国家图书馆。查考原刻《宋氏树畜部》，正文前则有《宋氏树畜部自序》，落款题为"弘治甲子六月既望白沙宋诩识"，④ 另原刻《宋氏家要部》亦有《宋氏家要部自序》，落款题为"弘治甲子二月既望白沙宋诩识"，⑤ 由此可知宋诩所撰论著大体完成于弘治十七年（1504）之前，那么被《宋氏树畜部》等书所量引用的《小录》便只有可能成书在弘治年以前了。至此，从《小录》之外去探寻该书成书时间只能将该书诞生的下限设定在明朝弘治年间，如要进一步探求便要回到《小录》文本自身。

第二节　《墨娥小录》诞生于"元末明初"说补考

郭正谊认为《小录》诞生于元末明初并为陶宗仪所撰的主要根据，在于书中记录的很多条目都来源于与陶宗仪同时代的友人。据其考证，提供"白酒药方"的"孙以贞"与"李至刚"，分别是孙固与李铜，前者有史料记载"与杨维桢、陶九成（即陶宗仪）善"，后者则见陶宗仪《南村诗集》中录有陶氏赠与的诗词，此外，前面提到的"夏兰渚"亦是陶氏友人，《辍耕录》中载："余友人吴兴夏文彦字士良，号兰渚生。"还有提供"糟鱼方"的"孙元

---

① （清）永瑢等：《四库全书总目》卷一百二十三《杂家类七》，《景印文渊阁四库全书》第3册，台北：商务印书馆，1986年，第657页。
② 崔富章：《四库提要补正》，杭州：杭州大学出版社，1990年，第398~399页。
③ （明）宋懋澄：《九籥集》文集卷六《传》，《四库禁毁书丛刊》集部第177册，北京：北京出版社，1998年，第554~556页。
④ （明）宋诩：《宋氏树畜部》，国家图书馆藏明刻本。
⑤ （明）宋诩：《宋氏家要部》，国家图书馆藏明刻本。

璘"与记录"写象秘诀"的王铎，也均在陶宗仪的撰著中有踪迹可寻。① 而以上这些人物主要出现在《小录》卷三《饮膳集珍》中，该卷主要记载了各种饮食秘诀，其中不少条目都标明了来源人物。就笔者的统计来看，该卷一共记录了22种不同的名姓，而这些人物至少有5位已经在郭正谊的文章中被证实是陶宗仪的友人，他们也因此都生活在元末明初，那么其余17位人物情况如何呢？笔者略考如下：②

1. 提供"白酒药方"的"松江钱月溪"，无考，但是同书提供"造莲花白酒法"的"何老"在此法中写道："须钱月溪方妙。"可知此人当与所谓"何老"同一时代。

2. 提供另一种"白酒药方"的"夏士原"，无考，但是前揭郭正谊的考证指出"夏兰渚"本名夏文彦字士良，此处所谓夏士原或"字士原"，为"夏兰渚"兄弟。

3. 提供又一种"白酒药方"的"何隐斋"，考陶宗仪好友邵亨贞《蚁术诗选》卷六有诗题名《海滨何隐斋静得轩》，同卷又有《海滨何氏揽秀楼》，③ 可知此人当与邵亨贞有交，故与陶氏相交的可能性亦颇大，且邵亨贞云"海滨"，故其大约亦是松江地区士人。另，前条所谓"何老"或即此人，如此的话，"松江钱月溪"的生活时代亦可确定了。

4. 提供"造建昌红酒法"的"赵德甫"，无考，应当不是指宋人赵明诚（字德甫）。

5. 提供"合头香"的"松江徐糖糕"，无考，从名字来看大概是从事糖糕业的庶民。

6. 提供"小萝卜"的"张希贤"，考元人萧维斗《勤斋集》卷八有《张

---

① 以上相关内容均见郭正谊的论文，不赘述。具体参见郭正谊：《〈墨娥小录〉辑录考略》，《文物》1979年第8期，第65~67页。

② 以下所引人物俱见《小录》卷三《饮膳集珍》，不再标明出处，具体参考佚名撰：《墨娥小录》卷三《饮膳集珍》，《中国科学技术典籍通汇》化学卷第2册，郑州：河南教育出版社，1994年，第461~469页。

③ （元）邵亨贞：《蚁术诗选》卷六《七言八句》，《续修四库全书》第1324册，上海：上海古籍出版社，2002年，第624~625页。

希贤别业》一诗，虽然不能确定其与陶氏的关系，但其是元人是无疑的。①

7. 提供"巴思把饼儿"的"夏友文"，无考，但是同据前揭"夏兰渚"条，夏氏名"文彦"，此处亦有可能是"夏文友"之误，也就是说，此处所记之人很可能与"夏兰渚"有着亲戚关系。如此的话，其生活时代亦不差太远。

8. 提供"懒妇醋"的"费东斋"，无考。

9. 提供"炒栗子"的"天蟾子"，考陶宗仪友人顾瑛《玉山璞稿》有《送周天蟾》一文，其中写道："天蟾子，布衣，儒家，在金陵市上居。"② 由此可知"天蟾子"姓周，大体生活时代亦当在元末明初。

10. 提供另一种"炒栗子"的"屠敬夫"，考陶宗仪《书史会要》卷七有云："笃列图，字敬夫，蒙古人，登进士第，官至监察御史，善大字。"③ 此处所谓"屠敬夫"恐是"笃敬夫"之误，如此则此人亦是陶宗仪所识之人。

11. 提供又一种"白酒药方"的"陈宗道"，考陶宗仪友人傅若金《傅与砺诗集》卷四有《诘陈宗道酒不至淹高刘诸公坐》、卷八有《和陈宗道元夕怀江南绝句》两首诗，可知此人亦是陶氏同时代之人。④

12. 与"陈宗道"共同署名在"白酒药方"下的"沈彝仲"，无考，但是该条小字具体为："陈宗道传与沈彝仲"，可知沈氏与陈氏当是同一时代，而陈宗道为傅若金友人，故沈氏亦当与陶宗仪所生活时代不差太远。

13. 提供"赛葡萄酒"的"张仲达"，考元人叶颙《樵云独唱》卷五有《和张仲达客苏州春暮览古韵》一诗，虽不知其与陶氏之关系，但为元人无疑。⑤

---

① （元）萧𤲄：《勤斋集》卷八《七言绝句》，《景印文渊阁四库全书》第1206册，台北：商务印书馆，1986年，第449页。

② （元）顾瑛撰，杨镰整理：《玉山璞稿》卷下《送周天蟾》，北京：中华书局，2008年，第67页。

③ （元）陶宗仪撰，徐永明、杨光辉整理：《陶宗仪集》，杭州：浙江古籍出版社，2013年，第925页。

④ （元）傅与砺著，杨匡和校注：《傅与砺诗集校注》，昆明：云南大学出版社，2015年，第158、296页。

⑤ （元）叶颙：《樵云独唱》卷五《律诗》，《景印文渊阁四库全书》第1219册，台北：商务印书馆，1986年，第93页。

下

编

14. 提供"逡巡酱"的"同知胡鼎文"，按明初松江士人董纪《西郊笑端集》卷一有诗《胡鼎文草堂》，此处所指可能就是此人，[①] 而董纪同时也是陶宗仪的友人。

15. 提供又一种"白酒药方"的"山北王酒药家陆焕文"，无考，从名字来看大概是从事酒药生意的商人。

16. 提供又一种"白酒药方"的"王思敬"，考陶宗仪友人张昱《张光弼诗集》卷六有《素居诗为山阴王思敬赋》，应该就是指此人，故而其生活时代当在元末明初。[②]

17. 提供又一种"白酒药方"的"谢无相"，无考。

通过以上简略的考证，可以发现在《小录》卷三中出现的另外 17 位人物，至少有 9 位能够确定生活在与陶宗仪同时代，如果将笔者蠡测的几种也算上的话，则有 12 位，加上郭正谊所考 5 位，也就是说有超过四分之三可以大体确定生活在元末明初，而不能确定的 5 位则是失考，同样没有任何证据说明他们生活在这一时段后。此外，值得注意的是，以上可考的人物中有不少都是出现在陶宗仪本人或其友人的撰著中的，而陶宗仪本人却未在书中登场，这一点可能也在暗示陶宗仪正是该书的撰者，抑或是其交往圈中的某位士人。不过，笔者也没有直接证据证明陶宗仪撰写了《小录》，本章的目的也不是为其正名，而是为了确定该书的诞生年代。以上的考证可以说是从书中所引人物的生活时代来进行"旁证"，大体推断出《小录》应诞生在"元末明初"，这也是郭正谊观点。那么，我们可否从《小录》的其他内容中确认这一推断，又能否进一步将"元末明初"时段缩小呢？

首先，《小录》中完全不见明朝年号，却多有元代年号，例如该书卷九"内丹三要"条载所谓"陈冲素"撰写相关内容的时间便是"至元乙酉"，而与未出现明代年号相仿的是，书中卷三"太膳白酒曲方"条云："昔文宗御奎

---

① （明）董纪：《西郊笑端集》卷一《胡鼎文草堂》，《景印文渊阁四库全书》第 1231 册，台北：商务印书馆，1986 年，第 749~750 页。

② （元）张昱：《张光弼诗集》卷六《七言律诗》，上海涵芬楼景印常熟瞿氏铁琴铜剑楼藏明抄本。

章阁，命光禄寺造此酒。"明代并无"文宗"，此处实指"元文宗"，但是原文却未提"元"字，更未及"前元"，很显然是撰者身处元代而非明代造成的。

其次，上引"元文宗"条其实可以帮助我们大体确定《小录》的上限，考《元史》卷三十三，记载元文宗于天历二年（1329）二月"甲寅，立奎章阁学士院。"① 又，是书多处提及"松江"，如"松江钱月溪""松江徐糖糕"，考正德《松江府志》可知元代本无"松江府"，直到"至元十四年（1277）升华亭府，十五年（1278）改松江府"，这才有了"松江"，而该府在"泰定三年罢"，又在"天历元年（1328）"复设。② 由以上两点，亦可推断《小录》的成书应在元文宗设奎章阁与元代设松江府之后，也就是大约在1329年之后。

再次，《小录》其实也暗含了该书下限的记载。该书卷三有所谓的"中山府盐菜"条并小字云"夏兰渚传"，然而明代并无所谓"中山府"，复检《明史·地理志》其中"定州"条小字云"元中山府"，后接正文："洪武二年正月改曰定州。"③ 那么，《小录》在记录该条之时应在洪武二年（1369）之前，换言之，《小录》的撰修时间不当早于元天历二年，也不应晚于明洪武二年。

最后，既然《小录》不大可能在洪武二年后诞生，那么它诞生在元末的可能性就更大了。另外一条关键史料在于《小录》卷七"求日辰干支法"条，在该条中撰者介绍少了推算日期干支的方法，并列举两个例子，其一，"假如算至正乙己正月廿九日是何干支？"其二，"如算丙午五月初十是何干支？"也就是说，撰者在该条中推算了元至正二十五年（1365）与至正二十六年（1366）某天的干支，按常理来推测，推算日期往往都是推算未来某时而非过去某时，因此此处撰者当在至正二十五年或之前便撰写了此条。

至此，笔者认为《小录》并不是明初的产物，特别考虑到明初文网的严密，当时的撰者不太可能在纪年问题上出现如上的种种问题，所以《小录》

① （明）宋濂：《元史》卷三十三《文宗二》，北京：中华书局，1976年，第730~321页。
② （明）顾清：《（正德）松江府志》卷一《沿革》，《天一阁藏明代方志选刊续编》第5册，上海：上海书店，1990年，第26~27页。
③ （清）张廷玉：《明史》卷四十《地理一》，北京：中华书局，1974年，第894页。

的撰写只有可能在元末，其具体成书日期很可能就在至正二十五年（1365）前后。当然，像《小录》这样的日用杂书，并不一定是一次写就的，撰者也有可能在之后有所增删，因此将此书诞生时间略扩展到"元末明初"亦未尝不可。但是，必须要强调的是，《小录》撰写之初当在元末，这是无疑的。

一般认为，《小录》虽然大体类似于日用通书，其中涉及的内容包括农学、医学、天文、历算各个方面，但是最为科学技术史家所看重的还是书中所载的若干化学知识。据郭正谊介绍，书中所载的"升炼水银""用汞齐镀金""造铜青""金银合金的定量与分离""造轻粉""造粉霜""蒸馏香精"等方法都是具有相当工艺技术高度的。因此，李约瑟在撰写《中国科学技术史》特别提到该书是"关于炼丹操作和设备的通俗百科全书"。[①]

有关该书的作者至今仍没有定论，虽然根据郭氏以及笔者前文的蠡测，陶宗仪确实是较为可能的撰者，但是毕竟年岁久远，我们可能始终无法获得确切的证据。其实，无论这样一部专著是谁撰写的，他也只不过是一个古代"科学技术"的记录者罢了，从上文有关是书卷三所录人物的考证来看，书中的很多内容其实来源于撰者与友人的交往，而更多的技术知识则有赖于对人民群众技术活动的观察。因此，重要的是并不是该书撰者是谁，而是这样一部记录了古代中国人民技术工艺的文本究竟代表了哪一时期的成就。

通过本章的考证来看，笔者从《小录》现存的版本入手，讨论了该书大体在隆庆五年（1571）前以抄本形式流传，且所传抄本至少有 3 种，而这种版本的辨析也推翻了一些学者认为该书诞生在"明后期"与"明中期"的观点。此外，根据《小录》书中所引的人物以及其中的内容，我们可以进一步将郭正谊提出的"元末明初说"缩小到"元末"，甚至可以估测该书应在元至正二十五年前后诞生。换言之，无论该书是否为元末名士陶宗仪所撰，其中所蕴含的"科学技术知识"确为元末所诞生，因此该书并不是明代相关技术经验的反映，而是元代"科学技术"成果的一个重要记录。

---

① 郭正谊：《明代〈墨娥小录〉一书中的化学知识》，《化学通报》1978 年第 4 期，第 49~52 页。

第七章　孤本农书《树艺篇》新考

　　《树艺篇》抄本 33 卷，现藏于国家图书馆，是目前较为珍贵的明代孤本农书，但是由于该书无序无跋，即不知其作者，亦难以觅其成书年代，因此，该书的利用情况不甚乐观。就笔者所见，早年王毓瑚先生曾针对它的流转情况与实际成书年代进行了介绍与考辨。[①] 尔后，胡道静先生首次系统研究该书，一方面介绍了该书的引书情况，另一方面则对该书的农史研究价值进行了简要的探讨。[②] 最近，李飞在其博士论文中再一次对该书进行了考论，并提出书中所谓"士洄按"者乃是"周士洄"的观点。[③] 然而，笔者以为，前辈学人的研究仍在以下 3 个方面值得补充：第一，《树艺篇》的作者是谁？是否即为李飞所言的周士洄？第二，《树艺篇》的一大特点便是遍引诸书，那么《树艺篇》究竟引过多少种书，又是哪些书呢？第三，《树艺篇》中所出现的"允斋"按语在明代另一部农书《汝南圃史》（以下简称《圃史》）中亦出现，那么两书之间又是何种关系？本章将针对以上的问题进行具体探讨。

第一节　作者考证

　　虽然目前影印出版的《树艺篇》中题该书作者为元人"胡古愚"，但是王

　　① 王毓瑚：《中国农学书录》，北京：中华书局，2006 年，第 153~154 页。
　　② 胡道静：《〈树艺篇〉——抄本仅传的一部农学文献汇编》，虞信棠、金良年编：《胡道静文集·农史论集　古农书辑录》，上海：上海人民出版社，2011 年，第 51~54 页。
　　③ 李飞：《中国古代林业文献述要》，北京林业大学，博士学位论文，2006 年，第 65~68 页。

毓瑚先生早在《中国农学书录》的"树艺篇"条下反驳了这种观点，因为《树艺篇》中引用了相当数量的明人著述，所以该书便绝不可能是元人所作。同时，王氏根据该抄本版心"纯白斋"三字推测明中期的唐顺之"也许就是本书的编者"，因为唐顺之的书斋名便是"纯白斋"。① 不过，目前所发现的版心带有"纯白斋"三字的抄本一共7种，除了《树艺篇》作者未知外，其余6种皆非唐顺之所作，如此一来，仅从版心这一条线索而认定该书作者为唐顺之未免过于武断。② 此外，《树艺篇》中并非完全没有作者的线索，胡道静便指出："本书是辑录资料的性质，但引文之后亦时有辑集者的按语，称'士洵按'或'洵按'云云，因知辑集者名士洵，惜尚未能查知其姓氏及行迹。"也就是说，胡先生以为"士洵"才是该书的编辑者。之后，李飞在其博士论文中进一步指出此"士洵"乃是明代苏州名臣"周广的小儿子周孺予，字士洵"，并根据"士洵"的生活年代、藏书情况等，推测"周孺予具备成为该书作者的条件。"③ 然而，李飞聊聊百余字的考证太过简略，且弄错了周广小儿子的名字（周广小儿子实际名叫周士洵，字孺允），④ 加之内证不足，仅从名字相同入手似乎缺少说服力。因此，关于该书的作者，笔者以为仍有深究的必要，而笔者对于《树艺篇》作者的考证将从该书另一按语作者"允斋"开始。

胡道静在其文章中提到《树艺篇》中有大量"允斋说"的条目，但是"不知为何许人"，⑤ 而该书曾经的收藏者章式之先生则将"允斋说"归于

① 王毓瑚：《中国农学书录》，北京：中华书局，2006年，第153~154页。

② 另外六种"纯白斋"抄本古籍是：唐封演的《封氏闻见记》、宋王明清的《投辖录》、宋周必大的《周益文忠公集》、金张师颜的《南迁录》、明张志淳的《南园漫录》《道藏本道德经》。具体参见瞿冕良：《中国古籍版刻辞典》，苏州：苏州大学出版社，2009年，第504页。

③ 李飞：《中国古代林业文献述要》，北京林业大学，博士学位论文，2006年，第65~68页。

④ 周广在其《命三子名义说》一文中写道："淳也，字之孺初；淹也，孺亨；洵也，孺允。"正对应其三个儿子：周士淳、周士淹、周士洵，由此可见周广三子名士洵，字孺允。具体参见（明）周广撰：《玉岩先生文集》卷九，《四库全书存目丛书》，集部第58册，济南：齐鲁书社，1997年，第403页。

⑤ 胡道静：《〈树艺篇〉——抄本仅传的一部农学文献汇编》，虞信棠、金良年编：《胡道静文集·农史论集　古农书辑录》，上海：上海人民出版社，2011年，第53页。

《树艺篇》的引用书目中。① 笔者系统整理了《树艺篇》中带有"允斋"二字的条目，一共有 71 条，② 且经过研究发现，"允斋"并非《树艺篇》所引用的对象，而与"士洵"一样，同为该书的编辑者之一，理由有如下两条：

第一，冠以"允斋"为名的诸条目，不少都是针对前面所引文献而发，并非单独说明一个问题。如"草部卷三"有条讨论"藐"和"茅"的文字："藐，今紫草也，按《溪蛮丛笑》原分二条，上言茅，下言紫草，升庵（按：即杨慎）去紫草二字，却合为一，以藐茈尽为茅，此大误也，予故辨之于此，信矣读书之难也。"③ 这段话是针对杨慎的观点所作，杨氏在《丹铅续录》中认为"藐茈"与"茅"乃是一物的不同称谓："尔雅谓之藐，广雅谓之茈"，④ 而杨慎的这段话正好被完整引在《树艺篇》中，且在上揭"允斋"条目之前。由此可见，"允斋说"似乎更像是《树艺篇》的按语。

第二，考察"允斋"条目的具体内容，会发现"允斋"对《树艺篇》的编辑有着一定的决定权，这一点主要体现在一些花草植物归类上。一方面，"允斋"认同之前《本草经》对于花草植物的归类原则，如"落葵"收在《树艺篇》"蔬部"，"允斋"写道："本草收入蔬部，今从之。"⑤ 另一方面，"允斋"对于部分蔬果的分类也有着自己的想法，如"芋"在《本草经》中收在"果部"下，对此"允斋"并不认同："本草芋在果部，今改入蔬部。"⑥ 于是，《树艺篇》中"芋"便在"蔬部"下。由此可见，"允斋"是能

下
编

---

① （元）胡古愚：《树艺篇》，《续修四库全书》第 977 册，上海：上海古籍出版社，2002 年，第 795 页。

② 其中有两条只提"允"字，但通观全书，除了"允斋"以外，未有其他条目出处与"允"相关，因此这两条当算作"允斋说"。

③ （元）胡古愚：《树艺篇》草部卷三，《续修四库全书》第 977 册，上海：上海古籍出版社，2002 年，第 494 页。

④ （明）杨慎：《丹铅续录》卷十一，《景印文渊阁四库全书》第 855 册，台北：商务印书馆，1986 年，第 216 页。

⑤ （元）胡古愚：《树艺篇》蔬部卷二，《续修四库全书》第 977 册，上海：上海古籍出版社，2002 年，第 348 页。

⑥ （元）胡古愚：《树艺篇》蔬部卷五，《续修四库全书》第 977 册，上海：上海古籍出版社，2002 年，第 419 页。

够参与到《树艺篇》的编纂之中的。

综合以上两点可以看出,《树艺篇》中"允斋"的条目如同"士淘"一般,乃是针对所辑录的文献做出的"按语",且"允斋"亦有与"士淘"相当的编纂权力,能够决定某一种蔬果在《树艺篇》中的分类。[1] 因此,笔者断定"允斋"乃是《树艺篇》的作者之一。那么,接下来的问题便是:"允斋"究竟是谁?他与"士淘"又有着什么关系呢?让我们通过《树艺篇》中的按语来探究他的真面目。

首先,这些带有"允斋说"的条目提到最多的地方便是"吴中",例如:"惟吴下人家皆于冬间春白用汤伴糠",[2] "吴下高田收稻迄便种麦",[3] 等等。同时,从其所透露出的"允斋"的交往圈来看,也基本集中在苏州地区,如姚姓的"嘉定州判"告诉允斋"蜀中王木多香楠",[4] "太仓周千兵"则曾寄过葡萄给他,[5] 而且其为昆山县人的可能性较大,因为有段史料提到:"落葵,《尔雅》所谓蔠葵蘩露也,苏人呼为染线草,昆人亦俗为紫草",[6] 这里不仅提及"苏人"而且进一步指出"昆人",如果"允斋"不是昆山县人,抑或未在昆山县生活过,应是难以了解得如此细致,再者,"允斋"有关"种韭法"

① "士淘"在《树艺篇》中本身就以"按语"形式存在的,这一点不用讨论,至于"士淘"是否具有如同"允斋"一般的编辑权,且举一例说明,该书蔬部卷三收录了"枸杞",这一点与《本草经》相悖,对此,"士淘"解释道:"本草枸杞亦入木部,毛传云杞木,名也,疏引陆机,以为杞,柳属也,未知的有杞木,否也,容与博识详之。"由此可见,"士淘"不认同"枸杞"入木部,而将之放在了蔬部。具体参见(元)胡古愚:《树艺篇》蔬部卷三,《续修四库全书》第977册,上海:上海古籍出版社,2002年,第357页

② (元)胡古愚:《树艺篇》穀部卷四,《续修四库全书》第977册,上海:上海古籍出版社,2002年,第286页。

③ (元)胡古愚:《树艺篇》蔬部卷二,《续修四库全书》第977册,上海:上海古籍出版社,2002年,第336页。

④ (元)胡古愚:《树艺篇》木部卷三,《续修四库全书》第977册,上海:上海古籍出版社,2002年,第623页。

⑤ (元)胡古愚:《树艺篇》果部卷三,《续修四库全书》第977册,上海:上海古籍出版社,2002年,第678页。

⑥ (元)胡古愚:《树艺篇》蔬部卷二,《续修四库全书》第977册,上海:上海古籍出版社,2002年,第348页。

的一段文字，直接表明来自"圆明村人说"，① 而昆山县积善乡恰有一"圆明村"。② 更为关键的一条史料是"允斋"在讨论"地栗可解瘴毒"时，提到："同邑顾雍里宦游广东，其父梓斋公以地栗作粉晒干寄之。"③ 这里所谓的"顾雍里"，即明代昆山县人顾梦圭，"雍里"乃其号，而"允斋"与其同邑，当为苏州府昆山县人无疑。④

其次，除了《树艺篇》大量存有"允斋"的条目外，明人周文华所撰《圃史》也录有不少，且周氏在其自序中写道："间适王君仲至，贻我花史十卷，阅之，乃周允斋先生所辑"，由此他才写出了《汝南圃史》。⑤ 且《汝南圃史》初刻于万历四十八年，而《树艺篇》根据学者们的研究则诞生于万历中期以前，在这短短二三十年间，很难想象有两个"允斋"同时对花圃园艺感兴趣，并留下了相关的文字，因此，笔者以为，《汝南圃史》中所提的"周允斋"即是《树艺篇》中的"允斋"。

最后，《树艺篇》中所有带有"允斋"的条目仅有一处提到了年号："予于嘉靖乙酉（四年）从先公宦游闽中。"⑥ 既是与其父"宦游"，当时的"允斋"年龄应该不大，而且以上史料还透露出一个信息："允斋"的父亲曾在嘉靖四年（1525 年）任官福建，也就是说，如果能找到一位苏州府昆山籍的周姓官员曾在嘉靖四年于福建省当官，那么便可从他的子嗣下手去探寻"允斋"的真面目。于是笔者查阅明代各种《昆山县志》，其中于弘治、正德、嘉靖

① （元）胡古愚：《树艺篇》蔬部卷四，《续修四库全书》第 977 册，上海：上海古籍出版社，2002 年，第 384 页。

② （明）周世昌：《（万历）重修昆山县志》卷一，《中国方志丛书·华中地方·第四三三号》，台北：成文出版社，1983 年，第 90 页。

③ （元）胡古愚：《树艺篇》果部卷八，《续修四库全书》第 977 册，上海：上海古籍出版社，2002 年，第 753 页。

④ 有关顾梦圭的具体情况，可参见（明）过庭训：《本朝分省人物考》卷二十二，《续修四库全书》第 533 页，上海：上海古籍出版社，2002 年，第 453~454 页。

⑤ （明）周文华：《汝南圃史》卷首《自序》，《四库全书存目丛书》子部第 81 册，济南：齐鲁书社，1995 年，第 655~656 页。

⑥ （元）胡古愚：《树艺篇》木部卷四，《续修四库全书》第 977 册，上海：上海古籍出版社，2002 年，第 634 页。

初期中举、中进士的周姓士子有不少，但是于嘉靖年任官福建的却只有一人，这人便是前揭李飞所推测的《树艺篇》的作者周士洵的父亲周广。周广在《明史》有其传，其中记载："嘉靖二年举治行卓异，擢福建按察使。"① 至于周广实际到任福建的时间，其后学雷礼为其所撰的《少司寇玉岩周公墓表》中则明白写道："嘉靖乙酉，升福建按察使。"② 这一时间正好与"允斋"所言与父"宦游闽中"的时间相同。此外，树艺篇中"允斋"有条说道："予外家王氏，在陈湖。"③ 而周广亦有一首诗名为《陈湖访外家王氏》，也就是说"允斋"和周广都共同拥有一位在陈湖的王姓亲戚。④ 综上所述，笔者以为"允斋"是周广儿子这一论断应是无疑的。但是，周广一共有3个儿子（士淳、士淹、士洵），"允斋"究竟是指谁呢？笔者以为，对于以上这一问题的回答仍应从"嘉靖乙酉从先公宦游闽中"这条史料入手。

先来看看士淳是否具有这一条件，归有光曾为他写过墓志铭，其中记载："方公（按：即周广）为御史言事，贬岭海十余年，君与继母夏淑人留昆山……及公位望通显，终不改儒素之道。"⑤ 也就是说周士淳始终未曾随其父"宦游"，而是留在昆山侍奉继母，此外，士淳卒于"嘉靖二十二年（1543）九月十八日"，而《树艺篇》中"允斋"所批驳的《丹铅续录》在嘉靖二十六年方才刊刻，由以上两点可见，"允斋"绝不可能是周士淳。

再来探讨士淹是否符合"允斋"的身份。同样根据归有光为其所撰的墓志铭，其中有载："（周广）再贬竹寨驿丞。孺亨年十三，随居沅湘间，已奋

---

① （明）张廷玉等：《明史》卷一百八十八《列传第七十六》，北京：中华书局，1974年，第5001页。

② （明）雷礼：《镡墟堂摘稿》卷十五《墓表一》，《续修四库全书》第1342册，上海：上海古籍出版社，2002年，第390页。

③ （元）胡古愚：《树艺篇》蔬部卷六，《续修四库全书》第977册，上海：上海古籍出版社，2002年，第435页。

④ （明）周广：《玉岩先生文集》卷五，《四库全书存目丛书》集部第58册，济南：齐鲁书社，1997年，第343页。

⑤ （明）归有光撰，周本淳校点：《震川先生集》卷十九《太学生周君墓志铭》，上海：上海古籍出版社，2007年，第468页。

志于学。"① 可见，周士淹曾随其父宦游，但是其父在闽之时，他又是否在身边呢？周广所撰《玉岩先生文集》前六卷乃是诗集，其中顺序乃是以时间为序，其中卷三乃是他被贬为竹寨驿丞时所作，当时周士淹正在身边，故而其中有一首诗名《示淹儿》，② 但是到了卷五中，即周广在闽为官时所作，其中给其仲子的诗却题为《寄淹儿》，③ 也就暗示了当时周士淹并不在福建。此外，归有光曾撰《祭周亨斋文》，其中写道这个"周亨斋"曾从"庄简公"（即魏校）学于"星溪"，而且"惟先生发挥遗旨，严师门之典则"，至于其去世的原因，归有光则写道："今岁之春，吾邑同党之士，盖二十余人，并哀然以北……孰知先生中道而返，而又罹此极？"④ 此文对"周亨斋"的描述几乎与归有光为周士淹所写的墓志铭如出一辙。在墓志铭中，归有光记述周士淹"适先生（按：即魏校）退居星溪之上，遂从游之"，并赞叹"惟孺亨称其师说，终不变"，而对于周士淹去世的情况，归有光则记载："嘉靖四十一年，与孺亨同计偕北上；行过徐沛，至夷陵，孺亨病还……竟不及家而卒。"⑤ 如此来看，周士淹与"周亨斋"不仅学业相当，而且就连去世的方式也极为相似，因此，二者当是一人，"亨斋"应是士淹之别号。

如果周士淹，字孺亨，号亨斋，那其弟周士洵，字孺允，号允斋，则颇为顺理，不过周士洵是否曾在嘉靖乙酉"从先公宦游闽中"呢？笔者的答案是肯定的。在周广文集的卷五中，有篇题为《闻洵儿读书声》，⑥ 而卷五如前所

① （明）归有光撰，周本淳校点：《震川先生集》卷十九《周孺亨墓志铭》，上海：上海古籍出版社，2007年，第465页。

② （明）周广：《玉岩先生文集》卷三，《四库全书存目丛书》集部第58册，济南：齐鲁书社，1997年，第300页。

③ （明）周广：《玉岩先生文集》卷五，《四库全书存目丛书》集部第58册，济南：齐鲁书社，1997年，第350~351页。

④ （明）归有光：《归震川先生未刻集》卷一《祭周亨斋文》，严佐之等主编：《归有光全集》第8册，上海：上海人民出版社，2015年，第125页。

⑤ （明）归有光撰，周本淳校点：《震川先生集》卷十九《周孺亨墓志铭》，上海：上海古籍出版社，2007年，第465页。

⑥ （明）周广：《玉岩先生文集》卷五，《四库全书存目丛书》集部第58册，济南：齐鲁书社，1997年，第349页。

述乃是其官任福建按察使时的诗歌，周广能在福建听到小儿子士洵读书，只有可能是他带着周士洵前往闽中为官了。由此可见，《树艺篇》中所谓"允斋"者正是周广的小儿子周士洵，那么该书中的"士洵按"也就不可能是其他的什么"士洵"，而正是此人。此外，从归有光对周士洵的描述来看，他也完全具备完成《树艺篇》的客观条件：第一，《树艺篇》参考书目众多，如无相当的藏书量是难以完成的，而据归有光记载，"余友周孺允，家多藏书"；① 第二，《树艺篇》是有关花木果树种植方面的专门性著作，如无亲身实践亦不可能完成，而归有光则记载周士洵的"杏花书屋"旁"遍环艺以花果竹木"；② 第三，归有光在一封给友人的信中讨论"王瓜"的问题，并指出"乃知孺允亦欠详考也"，③ 也就是说，周士洵应是撰有与蔬果有关的文献，而归有光认为其中对于"王瓜"的讨论并不正确。

通过以上的考证，笔者以为《树艺篇》的作者即是周士洵，而他同时也是《汝南圃史》所提《花史》的作者。最后再简要介绍一下周士洵的具体情况：周士洵，字孺允，别号允斋，明代南直隶苏州府昆山县人，生卒年不详，大约生于正德末年，逝于万历初年，嘉靖年间贡生，未出仕。

第二节　引书考辨

关于《树艺篇》的引书数量，章式之先生曾系统地梳理过一遍，他的统计结果是该书共引用了 193 种书。④ 胡道静先生则认为，由于章氏"重复了许多种"，因此他的引书数据并不准确，而胡先生自己的统计则是："据我初步

① （明）归有光撰，周本淳校点：《震川先生集》卷五《题瀛涯胜览》，上海：上海古籍出版社，2007 年，第 115 页。

② （明）归有光撰，周本淳校点：《震川先生集》卷十五《杏花书屋记》，上海：上海古籍出版社，2007 年，第 389 页。

③ （明）归有光撰，周本淳校点：《震川先生集》别集卷七《与王子敬》，上海：上海古籍出版社，2007 年，第 863 页。

④ （元）胡古愚：《树艺篇》，《续修四库全书》第 977 册，上海：上海古籍出版社，2002 年，第 795～796 页。

的计算共有一百七十九种",其中元代以前的书 111 种,明代的著作 68 种。① 但是,李飞却认为胡先生的统计数据仍过多,根据他的统计,《树艺篇》引书只有 156 种,其中唐以前有 9 种,唐宋元时期有 83 种,明代的书籍则有 64 种。②

针对以上 3 种对于引书数据相矛盾的情况,笔者又通检了《树艺篇》一遍,最终得到的数据是《树艺篇》一共引用了 180 种不同的著作。如此一来,又出现了第四种说法。由于胡道静与李飞的研究均未给出具体的统计过程,亦未给出他们所统计的《树艺篇》引书的详细书目,因此笔者难以明晰二者不同的原因。不过,章式之却在《树艺篇》后详细记录了他所统计的引书书目,下文笔者将针对章氏所列引书书目进行考辨,并在最后给出笔者自己的"《树艺篇》引书目录"。

首先,章氏的书目确实存在胡道静所言的"重复现象"。经笔者统计,有如下几种书存在重复著录:第一,重复出现 3 次的书有两种,分别是正德《松江府志》与洪武《苏州府志》,前者一共在章氏书目中出现 3 次,一次题为"松江府志"、另两次题为"顾清松江府志",其实均指正德年间顾清所修的《松江府志》,后者在章氏书目中亦出现 3 次,分别题为"苏州府志""卢志""卢熊苏州府志",其实均指洪武年间卢熊所修的《苏州府志》;第二,重复出现两次的书一共有 19 种,分别是正德《姑苏志》(以"姑苏志""王志"出现两次)、嘉靖《雷州志》(以"雷州志""雷阳郡志"出现两次)、《居家必用》(以同名出现两次)、《梦溪笔谈》(以"梦溪笔谈"与"笔谈"出现两次)、《便民图纂》(以"便民"与"便民图纂"出现两次)、《张贞居诗集》(以"张贞居诗集"与"张伯雨集"出现两次)、《西湖游览志》(以"西湖游览志"与"田汝成西湖游览志"出现两次)、《雁山志》(以同名出现两次)、《续梦溪笔谈》(以同名出现两次)、《续博物志》(以同名出现两次)、《石田

① 胡道静:《〈树艺篇〉——抄本仅传的一部农学文献汇编》,虞信棠、金良年编:《胡道静文集·农史论集 古农书辑录》,上海:上海人民出版社,2011 年,第 52 页。
② 李飞:《中国古代林业文献述要》,北京林业大学,博士学位论文,2006 年,第 68 页。

杂记》（以同名出现两次）、《诗学大全》（以同名出现两次）、《资暇集》（以同名出现两次）、《谈薮》（以"庞玄英谈薮"与"谈薮"出现两次）、《云岩志》（以同名出现两次）、《画墁录》（以同名出现两次）、《金陵新志》（以同名出现两次）、《齐民要术》（以同名出现两次）、《豫章漫抄》（以"豫章漫抄"与"豫章抄"出现两次）、《毛诗注疏》（以"毛诗注疏"与"诗经注疏"出现两次）如此可见，章氏所录193种书中应该剔除掉以上重复的23种，剩余170种。①

其次，章氏书目中所录的部分书籍实际上《树艺篇》并未引用，具体如下：第一，《北壕纪言》，在《树艺篇》中"疏部卷四"有条云："邻人冯湘生见数月……此法方书所不载故表之"该条后有小字云："刘浣北壕纪言"，② 实际上该条出自俞弁所撰的《续医说》中，且在该书中俞弁亦注明此条来自"刘浣北壕纪言"，③ 而《续医说》也是《树艺篇》所引书之一，因此笔者以为《树艺篇》此条实际出自《续医说》而非真正引自《北壕纪言》；第二，《日华子》，在《树艺篇》中有多处提到"日华子"，但是并不是说《树艺篇》引用了该书，而是《树艺篇》所引用的那些书中提到了"日华子"，如"榖部卷七"有条云："日华子云叶作汤，沐润毛发……"实际该段末尾已有说明引自"本草衍义"，④ 再如"果部卷八"有条云："日华子云鸡头开胃助气……"同样该段末尾显示此条引自"证类本草"，⑤ 因此笔者以为《日华子》亦非《树艺篇》实际引用的书；第三，《承平旧纂》，《树艺篇》"果部卷三"有条云："萧瑀、陈叔达于龙昌寺看李花……无异色皆实事"该条后

---

① 章式之所列之《树艺篇》引书目录，可参见（元）胡古愚：《树艺篇》，《续修四库全书》第977册，上海：上海古籍出版社，2002年，第795~796页。

② （元）胡古愚撰：《树艺篇》，《续修四库全书》第977册，上海：上海古籍出版社，2002年，第385页。

③ （明）俞弁：《续医说》卷九《小儿·韭可坠金》，上海中医学院图书馆藏日本万治元年戊戌刻本。

④ （元）胡古愚：《树艺篇》，《续修四库全书》第977册，上海：上海古籍出版社，2002年，第314页。

⑤ （元）胡古愚：《树艺篇》，《续修四库全书》第977册，上海：上海古籍出版社，2002年，第751页。

有小字云"出承平旧纂万花谷"，① 笔者并未查到《承平旧纂》一书，但是在《万花谷》"后集"中却有相同的条目，且也注明引自"承平旧纂"，② 也就是说，《树艺篇》所录的"出承平旧纂"乃是《万花谷》上的文字，而非真的出自《承平旧纂》一书。以上3本书籍《树艺篇》并未实际引用，因此，该书引书数据应在170种的基础上再减去3种，即剩167种。

最后，章氏的书目还遗漏了不少《树艺篇》中所参考的书，它们共有14种，分别是：《建宁府志》《艺文类聚》《东坡手泽》《本草图经》《厓山志》《丹溪本草》（即《本草衍义补遗》）、《医说》《水东日记》《淮南子》《荔枝谱》《周益公集》《南部新书》《杨太真外传》《吴船录》。以上诸种书籍加上167种，共得181种书。此外，还得去除之前一节论证的并非书籍的"允斋记"，共有180种书。这一数据与胡道静先生的统计数据仅相差两本书，③ 因此，笔者以为《树艺篇》的引书数据应该即为180种。下表将按朝代顺序具体给出这些书目，以供研究者查阅（表7-1）。

表7-1 《树艺篇》引书表

朝代	数量	书目
宋以前	25	《齐民要术》《神农本草经》《博物志》《古今注》《南方草木状》《番禺杂记》《资暇集》《北户录》《名医别录》《刘公嘉话》《高力士别传》《艺文类聚》《韦航纪谈》《玉堂闲话》《西京杂记》《龙城录》《中华古今注》《酉阳杂俎》《北齐书》《抱朴子》《毛诗注疏》④《淮南子》《唐国史补》《朝野金载》《天宝遗事》《典术》。

---

① （元）胡古愚：《树艺篇》，《续修四库全书》第977册，上海：上海古籍出版社，2002年，第669页。

② （宋）佚名：《锦绣万花谷》后集卷三十七，扬州：广陵书社，2008年，第2134页。

③ 虽然胡道静所统计的数据是179种书，但是由于他的统计里包含了"允斋记"，因此应当减去1种，即为178种，故而与笔者所统计数据相差两种书。

④ 该书在章氏目录中记为《诗经注疏》，笔者未查阅到该书，但是通检《树艺篇》出自所谓"诗经注疏"的条目皆在《毛诗注疏》中有录，且《树艺篇》"草部卷三"有条明确写道出自"毛诗注疏"，因此，笔者以为《树艺篇》中所谓"诗经注疏"者即是"毛诗注疏"。

（续表）

朝代	数量	书目
宋代	81	《证类本草》《本草衍义》《通志·草木略》《尔雅翼》《梦溪笔谈》《中吴纪闻》《（绍定）吴郡志》《曲洧旧闻》《画墁录》《分门琐碎录》《岁时广记》《癸辛杂识》《能改斋漫录》《洞微志》《松漠纪闻》《橐谱》《菌谱》《续博物志》《埤雅》《吕氏家塾读诗记》《安阳集》《浩然斋意抄》《卧游录》《鹤林玉露》《栾城集》《桂海虞衡志》《容斋随笔》《老学庵笔记》《东坡手泽》《仇池笔记》《湘山野录》《续梦溪笔谈》《溪蛮丛笑》《困学纪闻》《倦游杂录》《明道杂志》《续墨客挥犀》《墨客挥犀》《鸡跖集》《泊宅编》《本草图经》《云谷杂记》《谈薮》《诗学大全》《孙公谈圃》《邵氏闻见后录》《步里客谈》《西溪丛语》《冷斋夜话》《圣宗掇遗》《江南野录》《秘阁闲谈》《山谷刀笔》《游宦纪闻》《医说》《臆乘》《东斋记事》《韵语阳秋》《茅亭客话》《洛阳花木记》《荔枝谱》《侯鲭录》《梅谱》《周益公集》《文昌杂录》《万花谷》《南部新书》《春渚纪闻》《负暄杂录》《传家集》《叶水心集》《事文类聚》《翰府名谈》《归田录》《诚斋集》《橘录》《梅溪集》《避暑录》《杨太真外传》《吴船录》。
元代	9	《王祯农书》《农桑衣食撮要》《日用本草》《句曲外史贞居先生诗集》①《居家必用》《（至大）金陵新志》《霏雪录》《南村缀耕录》《本草衍义补遗》。
明代	62	《（正德）漳州府志》《菽园杂记》《（弘治）邵武府志》《（成化）四明郡志》②《食物本草》《（嘉靖）武宁县志》《（弘治）兴化府志》《（洪武）苏州府志》《（弘治）八闽通志》《（正德）松江府志》《（嘉靖）九江府志》《（弘治）温州府志》《南园漫录》《（正德）琼州府志》《九华志》《（弘治）泰和县志》《庐阳客记》《（正德）姑苏志》《（嘉靖）建宁府志》《（嘉靖）广州府志》《（正德）建昌府志》《明一统志》《便民图纂》《神隐》《石田杂记》《（嘉靖）山阴县志》《（嘉靖）雷州》《水云录》《续医说》《（嘉靖）吴邑志》《草木子》《（嘉靖）太仓州志》《（正德）镇江府志》《海搓余录》《（成化）重修毗陵志》《野菜谱》《山东通志》《丹铅续录》《五色线集》《雁山志》《日询手镜》《（正德）练川图记》《丹铅总录》《西湖游览志》《冀越通》《厓山志》《续停骖摘抄》《治圃须知》《齐云山志》《武夷山志》《水东日记》《县笥琐探》《（正德）武义县志》《田家五行》《格古要论》《濯缨亭笔记》《蜀都杂抄》《海语》《豫章漫抄》《都公谈纂》《类博稿》《方洲集》《震泽篇》。
未知	3	《云岩志》③《杨州马□房说》《平志》。④

---

① 该书即章氏目录中所记"张贞居诗集"与"张伯雨集"，笔者并未查到题名为此两种的诗集，但是在张雨《句曲外史贞居先生诗集》中发现了《树艺篇》中所引的内容，因此，笔者以为《树艺篇》所谓的"张贞居诗集"与"张伯雨集"实际即为《句曲外史贞居先生诗集》的简写。

② 笔者查《树艺篇》所引《四明郡志》即目前收录在《北京图书馆古籍珍本丛刊》的《宁波郡志》，二者同书而异名。

③ 该书未见，或已不存，惟明末《世善堂藏书目录》有著录该书，但未著录该书撰者，仅题卷数为"四卷"，因此，此书明人所作的可能性颇大，但无确切证据，待考。

④ 以上两书未见，不知为何书，待考。

第三节 《树艺篇》与《汝南圃史》关系考

上文已述，《汝南圃史》乃是在"周允斋"所撰的《花史》基础上完成的，而这个"周允斋"正是《树艺篇》的撰者周士洵。换言之，从"作者"角度而言，《树艺篇》与《圃史》由一本名叫《花史》的书联系了起来。那么，是否可以推测，《树艺篇》其实就是《花史》的稿本呢？如果这一点成立，便可进一步推论《树艺篇》与《汝南圃史》之间乃是"祖孙关系"。但是，周士洵所撰的《花史》并未见于诸家书目，该书或已佚失。因此，探讨《花史》与《树艺篇》在内容上的关系只能借助于在《花史》基础上撰写的《圃史》了。下文笔者将从"允斋"的按语与两书所引的内容这两个方面入手论证。

首先来看"允斋"在两本书中的按语情况。实际上，《圃史》中题为"允斋"所记的按语共有 24 条，且无一见于《树艺篇》中，这也就说明了"花史"并非《树艺篇》，乃是周士洵另外的著作。但是，《树艺篇》中大量题为"允斋"的按语却出现在《圃史》中，而且完全没有标记"允斋"二字。试举例若干加以说明：如《树艺篇》"果部卷二"有"允斋"条云："八丹杏出陕西，杏肉多查，不可食，其仁可食，又谓之杏榛。"① 同样一句话却以相近的面目出现在《圃史》卷三"杏"条之下："今陕西出八丹杏，杏肉多查，不可食，惟取其仁食之。"② 再如《树艺篇》"果部卷八"有条云"西瓜"与"甜瓜"之辨，"允斋"在按语中写道："乃知唐以前经传所云，瓜止是今之甜瓜耳，未尝见西瓜。"③ 这句话也以类似的语言出现在《圃史》卷五"西瓜"条下："盖唐以前经传所云，瓜即今之甜瓜，非西瓜也。"④ 又如《树艺篇》

---

① （元）胡古愚：《树艺篇》果部卷二，《续修四库全书》第 977 册，上海：上海古籍出版社，2002 年，第 687 页。

② （明）周文华：《汝南圃史》卷三《杏》，《四库全书存目丛书》集部第 81 册，济南：齐鲁书社，1995 年，第 687 页。

③ （元）胡古愚：《树艺篇》果部卷八，《续修四库全书》第 977 册，上海：上海古籍出版社，2002 年，第 737 页。

④ （明）周文华：《汝南圃史》卷五《西瓜》，《四库全书存目丛书》集部第 81 册，济南：齐鲁书社，1995 年，第 726 页。

"果部卷八"中，允斋有言："茨菰则内外皆白，而味亦劣，不可生啖。"① 这句话几乎完全被《圃史》卷五"茨菰"条下所继承："茨菰则内外皆白，味稍劣，不可生啖。"② 如此的例子还有很多。以上可见，《树艺篇》中"允斋"写的按语有很多皆为《圃史》所继承，这也就可以推论，《圃史》所本之"花史"中，亦继承了《树艺篇》中相当的内容。

再来看看《圃史》中的内容是否接近《树艺篇》。就前述胡道静先生所言，《树艺篇》实质上是"资料汇编"，其中所引的内容既有传统农书，也有士人文集，更有地方志。《花史》根据周文华的"自序"所言，也是一部"所辑"之书，这也就决定了《圃史》中的大部分内容实际上都是从前人文献中转录下来的，而《树艺篇》与《圃史》的所引书目有着极大的重合，就农书来看，二者都引用了《齐民要术》《农桑衣食撮要》《王祯农书》等等，就地方志来看，《树艺篇》中引用颇多的《八闽通志》《山东通志》《姑苏志》等等，皆在《圃史》中有着相当数量的应用。具体到某一花果内容来看，笔者打算以"胡桃"为例来说明。在《圃史》卷四中有"胡桃"条，其中内容及其与《树艺篇》的关系，请看表7-2。

表7-2 《汝南圃史》卷四"胡桃"条引文表③

序号	内容	出处	《树艺篇》见否
1	胡桃，一名胡桃，又名羌桃。	未知	否
2	《博物志》曰：张骞使西域还，得胡桃。	《博物志》	见
3	实圆而青，如银杏……盖佳果也。	允斋	见

① （元）胡古愚：《树艺篇》果部卷八，《续修四库全书》第 977 册，上海：上海古籍出版社，2002 年，第 754 页。

② （明）周文华：《汝南圃史》卷五《茨菰》，《四库全书存目丛书》集部第 81 册，济南：齐鲁书社，1995 年，第 729 页。

③ 该表所引《圃史》原文，参见（明）周文华：《汝南圃史》卷四《胡桃》，《四库全书存目丛书》集部第 81 册，济南：齐鲁书社，1995 年，第 709 页。另外交代两点：第一，之所以选取"胡桃"为例探讨，原因在于《圃史》所录果蔬条目，有的过长，有的过短，而"胡桃"条目长短适中，适合讨论；第二，下表有言"胡桃"条目下有出自"允斋"的按语，但是需要提请的是，在《圃史》的原文中，并未显示哪些语句出自"允斋"，而是笔者将其与《树艺篇》中相关内容对照后得出的结论。

序号	内容	出处	《树艺篇》见否
4	《图经本草》曰：胡桃生北土……后渐生东土。	《本草图经》	见
5	《本草》曰：胡桃味甘平……沐头至黑。	《本草经》	见
6	忠雅曰：力能削铜……三五日不烬。	忠雅	否
7	《山东通志》云：胡桃出济兖青三郡，青州者为佳。	《山东通志》	否
8	今商贾贩粥……可出数年乃生。	允斋	见
9	《水云录》曰：种核桃……仁坏不生。	《水云录》	见
10	接用本色，别有山核桃。	未知	否
11	《八闽通志》云：山核桃木……谓之万岁子。	《八闽通志》	见
12	《北户录》曰：山胡桃……食之绝香美。	《北户录》	见

如上表所示，《圃史》中的"胡桃"条约可分为 12 句话，其中仅 4 句话未见于《树艺篇》中，其余 8 句话及其所引文献皆与《树艺篇》的"胡桃"条有重合，而那四句未见于《树艺篇》的话语，有一句所引书目为《山东通志》，此书亦为《树艺篇》的常引书之一，①另外第 1、第 10 句未查到出处，且过于短小，大约为周文华或周士洵新加之按语，最后第 6 句引自所谓的"忠雅云"，笔者未查到此人或此书的详细情况，不敢妄言。如果我们以"胡桃"为例代表《圃史》的内容的话，可以发现，其中大部分所引资料都在《树艺篇》中有所著录了。

此外，《四库全书总目》注意到《圃史》的一个现象似乎可以作为该书与《树艺篇》关系的一个旁证。四库馆臣其实对《圃史》还是评价颇高的，认为此书"较为切实"，但是也认为该书就蔬果的分类存在一些问题，并举出两个例子："惟分部多有未确，如西瓜不如瓜豆而入水果，枸杞不如条刺，而入蔬菜，皆非其类。"②查《圃史》相关内容，西瓜确在"卷五水果部"，而枸杞

①　据笔者统计，《树艺篇》引用《山东通志》一共约有 28 次。

②　（清）永瑢等：《四库全书总目》卷一百十六，《景印文渊阁四库全书》，第 3 册，台北：商务印书馆，1986 年，第 536 页。

确在"卷十二蔬菜部",① 且不论馆臣的批评是否有理,《圃史》的这一分类与《树艺篇》是一模一样的,在后者中,西瓜收录在"果部卷八"中,枸杞则收录在"蔬部卷三"中。② 由此可见,《圃史》的果蔬分类很大程度上亦是与《树艺篇》相同的。

通过以上论述,笔者分别论证了《树艺篇》中的"允斋"按语大量存在于《圃史》以及《圃史》中的相当引文与《树艺篇》有着高度重合。因此,笔者以为《树艺篇》与《圃史》的关系至此已经颇为明晰了。那就是:周士洵首先编辑了《树艺篇》一书,并在此书的基础上撰写了"花史",而周文华又在"花史"的基础上进一步完善成《圃史》。换言之,《树艺篇》与《圃史》确为一"祖孙关系",《树艺篇》为"祖",《圃史》为"孙",中间尚有一"花史"为"子"。

本章主要通过对《树艺篇》作者与引书的考证得到如下 3 个结论:

第一,《树艺篇》的作者乃是明代苏州府昆山县士人周士洵,且书中所谓"允斋"者,亦是周士洵,"允斋"是其别号。

第二,《树艺篇》引书量巨大,但是多有重复,根据笔者的统计,一共引用了 180 种不同的古籍,其中有近三分之二是明代以前的著作,这就为部分古籍的辑佚与校勘提供了线索。

第三,周文华所撰《汝南圃史》的"祖本"《花史》的作者亦是周士洵。至于这 3 本书的关系,笔者以为当是《树艺篇》最早,《花史》大概是周士洵根据《树艺篇》又详加整理的成果,此书又为《汝南圃史》所继承,并最终成为"刻本",保存了下来。

---

① (明)周文华:《汝南圃史》,《四库全书存目丛书》,集部第 81 册,济南:齐鲁书社,1995 年,第 726、第 820 页。

② (元)胡古愚:《树艺篇》,《续修四库全书》,第 977 册,上海:上海古籍出版社,2002 年,第 354、第 737 页。

第八章　马纪与《齐民要术》

　　《齐民要术》，10卷，北魏贾思勰所撰，该书毫无疑问是传统中国最重要的古农书。从时间来看，"《齐民要术》是我国现存完整农书之中最早的"；[①] 从内容来看，该书是"在当时最完整，最全面，最系统化，最丰富的一部农业科学知识集成"。[②] 历来学者莫不以是书为管窥古代农学知识之门径，如宋人戴埴云："今以所传《齐民要术》，亦可想农圃之梗概。"[③] 同时代的罗大经则将《齐民要术》视作"农家"之"六经"："是故孔子、孟轲，治地之农师圃师也；六经、语、孟，治地之《齐民要术》也。"[④] 故而四库馆臣于"农家类"首列《齐民要术》，确有所凭。降之近代，农史学者尤其推重此书，除了石声汉与缪启愉分别整理校释之外，[⑤] 中国农业遗产研究室与曾雄生分别出版的《中国农学史》中，皆有专章分析《齐民要术》中的农学知识，如此

---

　　① 万国鼎：《论"齐民要术"——我国现存最早的完整农书》，《历史研究》1956年第1期。

　　② 石声汉：《从〈齐民要术〉看中国古代的农业科学知识——整理〈齐民要术〉的初步总结》，《西北农学院学报》1956年第2期。

　　③ （南宋）戴埴：《鼠璞》，《丛书集成新编》第12册，台北：新文丰出版社，1985年，第418页。

　　④ （南宋）罗大经撰，王瑞来点校：《鹤林玉露》丙编卷六《方寸地》，北京：中华书局，1983年，第335页。

　　⑤ 原西北农学院古农学研究室的石声汉先生在1957年至1958年先后出版4册《齐民要术今释》，且中华书局2009年又对该书作了重新修订，可参考（北魏）贾思勰著，石声汉校释：《齐民要术今释》，北京：中华书局，2009年。另一方面，南京农业大学中国农业遗产研究室的缪启愉先生则于1982年重新整理了该书，并出版了《齐民要术校释》，该本亦在1998年增订再版，具体参见（后魏）贾思勰原著，缪启愉校释：《齐民要术校释（第二版）》，北京：中国农业出版社，1998年。

可见一斑。①

然而，这样一部非常重要的古农书其实在明代中期以前的流传并不广泛。就书目著录来看，《齐民要术》首见于《隋书·经籍志》，② 随后《旧唐书·经籍志》与《新唐书·艺文志》亦有著录，③ 另查宋人国家藏书目录《崇文总目》也录有此书，可知该书在唐宋中央藏书系统中应有一定位置。④ 至于该书版刻之始，考《玉海》卷一七八"贾思勰齐民要术"条，可知："宋朝天禧四年（1020）八月二十六日利州转运使李昉请颁行《四时纂要》《齐民要术》二书，诏馆阁校刊镂本摹赐。"⑤ 此即后来成于天圣年间的崇文院刻本，现仅存卷一残页、卷五、卷八于日本，国内早已不存。实际上，《齐民要术》刊刻之后的流传并不乐观，《文献通考·经籍考》引李焘所序《孙氏齐民要术音译解释》云：

> 本朝天禧四年，诏并刻二书以赐劝农使者。然其书与律令俱藏，众弗得习，市人辄抄《要术》之浅近者，摹印相师，用才一二，此有志于民者所当惜也。⑥

与此同时，南宋士人葛祐之也在为张辚重刻《齐民要术》的序文中也写道："盖此书，乃天圣中，崇文院校本；非朝廷要人不可得。"⑦ 由此可见，《齐民要术》在两宋之际并未广泛地流传开来，仅仅是藏于官方的"秘阁"之中，偶为"劝农使"所用。

---

① 具体参见中国农业遗产研究室编著：《中国农学史（初稿）》，北京：科学出版社，1959 年，第 235~275 页；曾雄生：《中国农学史（修订本）》，福州：福建人民出版社，2012 年，第 205 ~ 259 页。

② （唐）魏徵等：《隋书》卷三十四《经籍三》，北京：中华书局，1973 年，第 1010 页。

③ （五代）刘昫等：《旧唐书》卷四十七《经籍下》，北京：中华书局，1975 年，第 2035 页；（宋）欧阳修等：《新唐书》卷五十九《艺文三》，北京：中华书局，1975 年，第 1538 页。

④ （宋）王尧臣等编次，（清）钱东垣等辑释：《崇文总目》卷三《农家类》，《丛书集成初编》第 22 册，北京：中华书局，1985 年，第 146 页。

⑤ （宋）王应麟：《玉海》卷一百七十八《食货》，《景印文渊阁四库全书》第 947 册，台北：商务印书馆，1986 年，第 587 页。

⑥ （元）马端临撰，华东师大古籍研究所标校：《文献通考·经籍考》，上海：华东师范大学出版社，1985 年，第 1073 页。

⑦ （北魏）贾思勰著，石声汉校释：《齐民要术今释》，北京：中华书局，2009 年，第 1224 页。

元代至明代中前期，《齐民要术》的流传就更为稀少了。一方面，仍未有确切证据表明元人曾刊刻过是书，目前仅清人莫友芝《郘亭知见传本书目》中提到："元刊本《要术》，每页二十行，行大字十八字。"① 然莫氏去元已远，所论不可遽信，且元人朝廷已有《农桑辑要》之刊刻，地方亦有《王氏农书》《农桑衣食撮要》之发行，实无再刻《齐民要术》之必要。② 另一方面，由于元明易代的影响，明代中前期出现了所谓"书荒"的现象，③ 如杨士奇积书20余年"仅得五经四书及唐人诗文数家而已，子史皆从人借读。"④ 而根据顾炎武的记载，甚至到了正德末年"其流布于人间者，不过四书五经、《通鉴》、《性理》诸书，他书即有刻者，非好古之家不蓄。"⑤ 明初经部书籍的流传尚且如此，更何况属于"鄙事"的《齐民要术》了。但是逮至明末，《齐民要术》却忽然广为流传起来。考明代尚存私家藏书目者，不过10家，其中7家均著录《齐民要术》，仅3家未藏此书。⑥ 究其原因，在于晚明出版业之发达，尤其是私刻丛书出版，胡震亨所刻《秘册汇函》，毛晋所刻《津逮秘书》均收录了《齐民要术》，遂使此农家经典得以流布，以至清人种种，或

---

① （清）莫友芝撰，傅增湘订补，傅熹年整理：《藏园订补郘亭知见传本书目》，北京：中华书局，1993年，第101页。

② 例如《农桑辑要》，据缪启愉的研究，该书引录《齐民要术》极多，约占全书的百分之三十，且该书在元代已有三次刊刻，故较为合理的情况是，元人利用宋刻《齐民要术》完成了《农桑辑要》，也就不用再另行刊刻《齐民要术》了。有关《农桑辑要》的情况，可参考（元）大司农司编撰，缪启愉校释：《元刻农桑辑要校释》，北京：农业出版社，1988年，第541~544页。

③ （日）井上进著，李俄宪译：《中国出版文化史》，武汉：华中师范大学出版社，2013年，第138~140页。

④ （明）杨士奇：《东里集》续集卷十七《跋》，《景印文渊阁四库全书》第1238册，台北：商务印书馆，1986年，第591页。

⑤ （清）顾炎武撰，华东师范大学古籍研究所整理：《亭林诗文集》文集卷二《抄书自序》，《顾炎武全集》第21册，上海：上海古籍出版社，2011年，第78页。

⑥ 按《明代书目题跋丛刊》所载，明代私人藏书目录有十四家，然《篆竹堂书目》《近古堂书目》《玄赏斋书目》《会稽钮氏世学楼珍藏图书目》实际均为伪作，故而只有十家。其中《宝文堂书目》《世善堂藏书目录》《澹生堂藏书目》《万卷堂书目》《濮阳蒲汀李先生家藏目录》《百川书志》《徐氏家藏书目》有录《齐民要术》，《江阴李氏得月楼书目摘录》《脉望馆书目》《赵定宇书目》未见著录。具体参见冯慧明、李万健等选编：《明代书目题跋丛刊》，北京：书目文献出版社，1993年，第784、第854、第1029、第1086、第1226、第1286、第1704页。

《学津讨原》本、或崇文书局本、或渐西村社本，皆出自以上两丛书之翻刻，盖不足论也！①

然考明代丛书之刻实有所本，据胡震亨《书齐民要术后》云：

> 戊戌计偕入都，获之灯市，遂捉笔题简。端云："何当共叔祥见之，快可言邪？"南还与叔祥篝灯校读，至第二卷二幅，原本脱去，重刻别卷补入，参错难解，几欲废去，更从吴中赵玄度假得善本足之，两人跌足称快。②

换言之，在胡震亨刊刻《秘册汇函》本《齐民要术》前，已有一种刻本流布于世了。而《秘册汇函》本在胡震亨跋文前有王廷相于嘉靖三年（1524）所作的《齐民要术后序》，其中介绍了所谓"湖湘本"《齐民要术》的刊刻情况：

> 尔侍御钧阳马公直卿按治湖湘，获古善本，阅之喟然曰："此王政之实也。"乃命刻梓范民，书成，方伯蒋君景明以序问予。③

由此可知，胡氏《秘册汇函》本实际来源此"湖湘本"也，而毛晋《津逮秘书》本则来自《秘册汇函》，故而有明以来所刻之《齐民要术》皆以"湖湘本"为出处，略检前揭诸家藏书亦可为证，如《宝文堂书目》"齐民要术"条后小字云"湖广刻"，即指"湖湘本"也。④ 如此说来，"侍御马直卿"所刻的"湖湘本"《齐民要术》实际具有"存亡绝续"的大功，由于此刻本的存在，才有了后世诸多以此为基础的翻刻，《齐民要术》也才能在明清社会有了更为广泛的流传，故而有学者直言："《要术》诸多版本中，对后人影响大的，当数明湖湘本。"⑤ 但是，对于《齐民要术》作出巨大贡献的"侍御马

---

① 有关明清《齐民要术》版本的源流，可参考（日）天野元之助著，彭世奖、林广信译：《中国古农书考》，北京：农业出版社，1992 年，第 29~32 页。

② （北魏）贾思勰撰：《齐民要术》卷末《书齐民要术后》，国家图书馆藏明秘册汇函本。

③ （北魏）贾思勰撰：《齐民要术》卷末《齐民要术后序》，国家图书馆藏明秘册汇函本；另，该文亦见于王廷相文集中，具体参考（明）王廷相撰：《王氏家藏集》卷二十二《刻齐民要术序》，《四库全书存目丛书》集部第 53 册，济南：齐鲁书社，1997 年，第 97 页。

④ 冯惠民、李万健等选编：《明代书目题跋丛刊》，北京：书目文献出版社，1993 年，第 784 页。

⑤ 肖克之：《〈齐民要术〉的版本》,《文献》1997 年第 3 期。

直卿"，学界似乎对其认识仍非常模糊，最新出版的《〈齐民要术〉之中外版本述略》在介绍"湖湘本"时仍写道："马直卿之生平，史缺记载。"① 而刻书之功实不亚于撰写，张之洞亦目之为"不朽"之业，因此，下文将略考"侍御马直卿"之生平，以纪其贡献。

第一节　马纪生平小考

虽然"侍御马直卿"的生平尚未为人所知，但是其所刊刻的"湖湘本"《齐民要术》仍有存本。检《中国农业古籍目录》"齐民要术"条有"明嘉靖三年马直卿刻本（即湖湘本）"，且馆藏地为中国农业遗产研究室。② 另检《中国古籍总目》子部"齐民要术"条有"明嘉靖三年马纪刻本"，此所谓"马纪"者当即是"马直卿"，而馆藏地则有上海图书馆、山东博物馆、中国农业遗产研究室3家，③ 至于《总目》所言"马纪"的出处，或来源于早年编修的《中国古籍善本书目》，该目录"齐民要术"条亦题为"明嘉靖三年马纪刻本"。④

为了确定"马纪"即"马直卿"，笔者查考万历年间所修《湖广总志》，其中卷二十《秩官》下有"巡抚湖广监察御史"表，其中录有："马纪，字直卿，钧州，进士。"⑤ 而前揭王廷相《后序》则言"侍御钧阳马公直卿"，姓、字、籍贯、官职均一致，可知"马直卿"即"马纪"也。考《明史·地理志》云："禹州，元曰钧州……万历三年（1575）四月避讳改曰禹州。"⑥ 故

① 杨现昌：《〈齐民要术〉之中外版本述略》，北京：中国农业科学技术出版社，2017 年，第 10 页。

② 张芳、王思明主编：《中国农业古籍目录》，北京：北京图书馆出版社，2003 年，第 6 页。

③ 中国古籍总目编纂委员会：《中国古籍总目·子部》第一册，上海：上海古籍出版社，2010 年，第 370 页。

④ 中国古籍善本书目编辑委员会：《中国古籍善本书目·子部》上册，上海：上海古籍出版社，1994 年，第 151 页。

⑤ （明）徐学谟：《（万历）湖广总志》卷二十《秩官》，《四库全书存目丛书》史部第 194 册，济南：齐鲁书社，1996 年，第 631 页。

⑥ （清）张廷玉等：《明史》卷四十二《地理三》，北京：中华书局，1974 年，第 981 页。

旋查顺治《禹州志》卷六《选举》，"进士"条下有："马纪，舒芬榜，任御史，九江知府，陕西副使，浙江参政。"又"举人"条下有："马纪，庚午科，登丁丑进士。"① 由此可知马氏于正德五年（1510）中举，正德十二年（1517）中进士，而更为详细的人物小传见同书卷七《历代人物》，如下：

> 马纪，字直卿。中庚午乡试，丁丑登进士。知雄县，民慕其德，为立去思碑，祀名宦祠。擢山东道御史。清军湖广指挥甘于海，拔置亲王劾罪远遣。官生王子道倚势凌人，依法究治，民赖以安。按四川，不畏强御，人以包老称之。复命为京畿道御史。忤铨曹意，升九江知府。减革商税，禁淹女子。升岷州兵备副使。土番无时侵扰，慎固封守，中外宁谧。丁母忧，守制如礼。居乡，捐助婚丧，施置义坟，人多感之。服阕，升浙江右参政，卒于官。②

以上可见，马纪其实是一位勤政爱民的地方官僚，但是未见任何有撰述，这也就给我们的考证带来了一定的难度。此外，以上这段简介却又引出了新的问题，那就是从马纪小传来看，他似乎并没有在湖广任职，这又是怎么回事呢？为了解决这一问题，笔者认为有必要重新梳理马纪的生平宦游经历。

考《正德十二年进士登科录》，马纪列于"第三甲二百三十一名"，故"赐同进士出身"，随后的小传对于其家世背景作了介绍：

> 马纪，贯河南开封府钧州，民籍。国子生。治《诗经》。字直卿，行五，年三十六，九月初十日生。曾祖荣，赠太子太保，兵部尚书。祖文麟，知县。父安，母赵氏，具庆下。弟绩。娶连氏。河南乡试第五十二名，会试第二百六十五名。③

由此可知，马纪正德十二年中进士时36岁，故其生年当在成化十七年（1481）。马氏家族也算得上是官宦世家，另据顺治《禹州志》载："马荣，以

---

① （清）赵来鸣原修，孙彦春校注：《清顺治禹州志校注》，郑州：中州古籍出版社，2009年，第127、第131页。

② （清）赵来鸣原修，孙彦春校注：《清顺治禹州志校注》，郑州：中州古籍出版社，2009年，第211页。

③ 龚延明主编，邱进春点校：《天一阁藏明代科举录选刊·登科录》中册，宁波：宁波出版社，2016年，第288页。

子文升贵，累赠太子太保、兵部尚书。"① 而马文升《明史》有传，据载"登景泰二年（1451）进士"，② 故查《景泰二年进士登科录》，其中马文升小传云："父荣……兄文玉、文麟。弟文驭。"③ 也就是说，马文升正是马纪祖父之弟，也就是马纪的叔公。同据《明史·马文升传》所载，马文升实是弘治、正德两朝名臣，不仅官居兵部尚书高位（后加赠左柱国、太师），而且治国有术，史载："文升有文武才，长于应变，朝端大议往往待之决。功在边阵，外国皆闻其名，尤重气节，厉廉隅，直道而行。"④ 另一方面，马纪的祖父马文麟虽仅是"岁贡"，官也仅任"江浦知县""江阴知县"，但是政绩十分卓著。⑤ 马纪的父辈似乎不如其祖父辈那般显赫，未见其父马安有任何出仕的记载，而马文升之子马璁也仅仅是"以乡贡士待选吏部。"⑥

再检顺治《禹州志》卷三《坊牌》有"世御史坊"，其中小字云："在州西街，为马纪、马斯藏父子立。"⑦ 可知马纪之子为马斯藏，而同书卷六《选举》"进士"条亦录有此人，并云："任御史府丞，山西左参政。"另见"举人"条云："庚子科魁，登庚戌进士。"⑧ 也就是说马斯藏于嘉靖十九年（1540）中举，嘉靖二十九年（1550）中进士，故又检《嘉靖二十九年进士登

---

① （清）赵来鸣原修，孙彦春校注：《清顺治禹州志校注》，郑州：中州古籍出版社，2009年，第144页。

② （清）张廷玉等：《明史》卷一百八十二《列传第七十》，北京：中华书局，1974年，第4838页。

③ 龚延明主编，方芳点校：《天一阁藏明代科举录选刊·登科录》上册，宁波：宁波出版社，2016年，第182页。

④ （清）张廷玉等：《明史》卷一百八十二《列传第七十》，北京：中华书局，1974年，第4843页。

⑤ （清）赵来鸣原修，孙彦春校注：《清顺治禹州志校注》，郑州：中州古籍出版社，2009年，第206页。

⑥ （清）张廷玉等：《明史》卷一百八十二《列传第七十》，北京：中华书局，1974年，第4843页。

⑦ （清）赵来鸣原修，孙彦春校注：《清顺治禹州志校注》，郑州：中州古籍出版社，2009年，第58页。

⑧ （清）赵来鸣原修，孙彦春校注：《清顺治禹州志校注》，郑州：中州古籍出版社，2009年，第128、132页。

科录》，其中马斯藏小传云："父纪……弟斯才；斯作；斯祖。"① 由此可见，马纪当有四个儿子，且除了马斯藏外，马斯祖亦曾中举人。而马斯藏为官也颇有乃父、乃祖遗风，志书称其"有政声""御倭有功"。②

以上简单梳理了马纪的家世，可知其家族乃是官宦世家，其祖、其子为官有功名者不在少数，而且均清正廉明、卓有政绩。因此，马纪应当具有良好的士大夫基础教育，并能够延续家族的优秀因子，传给后代子孙。现在回过去梳理他的官宦生涯。前面已经提到马纪于正德十二年中进士，那么按照明代进士"观政"制度，他最早应该在同年就应授予了相应官职。③ 前揭《禹州志》中则载马纪首先担任的官职是"知雄县"，故检嘉靖《雄乘》下卷《官师第七》中确有其人，且小传极尽褒奖：

> 马纪，直卿，钧州进士，廉能勤慎，明敏公平，赈恤流亡，医济瘟疫，省约浮费，芟刈豪强，罔不得其当，而作新学校，劝课生徒，则尤加意，故士心归向，民亦允怀，而旁邑之讼狱者，日争趋焉，寻升监察御史。④

这段介绍可知马纪较为善于处理地方政务，而且断讼之功颇强，马氏任满以后，"升监察御史"，这也与前揭小传所云"擢山东道御史"一致，至于晋升的时间，考《明世宗实录》卷十"嘉靖元年（1522）正月癸酉"条有载："云南道御史马纪请如国初之制，设起居注官，使随时记载，以备纂修。下所司知之。"⑤ 换言之，马纪至迟在嘉靖元年已任监察御史，且并非山东道御史，而是云南道御史。回检《雄乘》之《官师》，马纪后任为"易鸿"，且其小传

---

① 龚延明主编，毛晓阳点校：《天一阁藏明代科举录选刊·登科录》上册，宁波：宁波出版社，2016 年，第 85 页。

② （清）赵来鸣原修，孙彦春校注：《清顺治禹州志校注》，郑州：中州古籍出版社，2009 年，第 214 页。

③ 章宏伟：《明代观政进士制度》，《吉林大学社会科学学报》2008 年第 5 期，第 49~56 页。

④ （明）王齐：《（嘉靖）雄乘》卷下《官师第七》，《天一阁藏明代方志选刊》第 7 册，上海：上海古籍书店，1981 年，无页码。

⑤ （明）张居正等：《明世宗实录》卷十，嘉靖元年正月癸酉条，台北：中研院历史语言研究所，1962 年，第 387 页。

云"嘉靖初任"，①可知马纪擢升御史亦不当早于嘉靖元年，因此可断定马纪回京任御史之职当在嘉靖元年。但是《禹州志》小传为何记其为"山东道御史"呢？笔者旋查嘉靖《山东通志》，其中卷十"提刑按察司"条下有录马纪，②但是具体何时担任并未标明，也就是说《禹州志》小传之误记亦非无的放矢，马纪确曾官任山东，至于具体期限，后文再作说明。

马纪升任御史之后很快便被外派"巡按"地方。据《明世宗实录》卷三十六"嘉靖三年（1524）二月辛酉"条："辛酉以湖广民饥发太和山香银二千两赈之，从巡按御史马纪请也。"③又同书卷三十八"嘉靖三年四月辛丑"条云："湖广巡按御史马纪、何鳌前后论岷府及南安王府勾捕校尉扰民，兵部覆议得旨，下抚按官勘报，仍诏自今校尉听于本府军，余金补，毋得妄金民户，岷王南安王务遵。"④由此可知马纪确实曾巡按湖广，而小传实为漏记。此外，通过以上两条记载可知马氏在巡按期间不仅为饥民求得了赈济，而且上书约束了地方藩王的不当行为。同时根据前揭王廷相的记载，马纪还在此时（嘉靖三年）"获古善本"《齐民要术》，且据《古今书刻》"湖广"所载，《齐民要术》之刊刻是在"布政司"条下，而王廷相有言："方伯蒋君景明以序问予。"换言之，该书当是出自马纪之手，但应在湖广布政司，尤其是时任湖广左布政使蒋曙（字景明）的资助下完成的。⑤

随后，在嘉靖四年（1525）马纪又巡按四川，并由于秉公断案，不畏强

① （明）王齐：《（嘉靖）雄乘》卷下《官师第七》，《天一阁藏明代方志选刊》第7册，上海：上海古籍书店，1981年，无页码。

② （明）陆釴等：《（嘉靖）山东通志》卷十《职官》，《天一阁藏明代方志选刊续编》第51册，上海：上海书店，1990年，第657页。

③ （明）张居正等：《明世宗实录》卷三十六，嘉靖三年二月辛酉条，台北：中研院历史语言研究所，1962年，第909页。

④ （明）张居正等：《明世宗实录》卷三十八，嘉靖三年四月辛丑条，台北：中研院历史语言研究所，1962年，第956页。

⑤ 按雍正《湖广通志》卷二十八《职官》，蒋曙籍贯"全州"，故查嘉庆《泉州志》，其中卷八《人物》有其小传："蒋曙字景明……弘治丙辰进士。"具体参见（清）温之诚：《（嘉庆）全州志》卷八《人物》，国家图书馆藏清刻本。

权，获得了"包老"的美称。① 由于御史巡按地方的期限一般为一年，② 因此马纪应在嘉靖五年回京任"京畿道御史"，并在这之后很快"升任九江知府"。但是，查嘉靖《九江府志》卷五《秩官表》，其中"知府"条仅录到"冯曾"，而从该志书其他地方所透露出的内容看，冯曾应该官任至嘉靖七年（1528），例如志书卷十《学校志》载："嘉靖七年知府冯曾因两庑基地卑湿，戟门、欞星门圮坏，泮池淤塞，乃出公帑羡余聿新诸制。"③ 此外，虽然嘉靖志《秩官表》未录马纪，不过志书的内容中还是表明了他任官的时间："嘉靖八年（1529），知府马纪莅任，见民多灾疫。"④ 而马纪离任的时间则见《明世宗实录》卷一百六十五"嘉靖十三年（1534）七月甲午"条："江西九江知府马纪升陕西按察司副使。"⑤ 在陕西按察司任职两年后，嘉靖十五年（1536）马氏又在陕西"洮岷道"任兵备副使，且再次因为政绩卓著而入该地方志书"名宦传"：

> 马纪，字直卿，以江西九江府知府升任，嘉靖十五年驻岷，治尚简朴，修书院，勤课多士，听讼曲尽隐微，州人有神明之颂，祀名宦。⑥

除了以上为政之德外，《古今书刻》中的一条史料值得关注，在该书"陕西布政司"条下著录了该司所刻的书籍，其中亦有《齐民要术》，⑦ 而以往学者以为明代官府仅"湖广布政司"有刻所谓马纪"湖湘本"《齐民要术》，并未注意到"陕西布政司"也曾刊刻过该书。巧合的是，马纪也曾经在陕西任

---

① （明）刘大谟等：《（嘉靖）四川总志》卷一《监守志》，《北京图书馆藏古籍珍本丛刊》第42册，北京：书目文献出版社，2000年，第26页。

② 王世华：《略论明代御史巡按制度》，《历史研究》1990年第6期。

③ （明）冯曾修，（明）李汛纂：《（嘉靖）九江府志》卷十《学校志》，《天一阁藏明代方志选刊》第36册，上海：上海古籍书店，1981年，无页码。

④ （明）冯曾修，（明）李汛纂：《（嘉靖）九江府志》卷八《职官志》，《天一阁藏明代方志选刊》第36册，上海：上海古籍书店，1981年，无页码。

⑤ （明）张居正等：《明世宗实录》卷一百六十五，嘉靖十三年七月甲午条，台北："中研院"历史语言研究所，1962年，第3642页。

⑥ （清）汪元綗修，（清）田而穟纂：《（康熙）岷州志》卷十四《宦绩》，《中国地方志集成·甘肃府县志辑》第39册，南京：凤凰出版社，2008年，第131页。

⑦ 冯惠民、李万健等选编：《明代书目题跋丛刊》，北京：书目文献出版社，1993年，第1127页。

职，这就是说马氏很有可能在去陕西之后将其所藏的《齐民要术》书版再次刻印。从现存的马纪刻"湖湘本"来看，此书一共有 8 册，但是《澹生堂藏书目》收录了两种《齐民要术》，一种小字云："四册十卷，贾思勰，旧版。"另一种小字云："四册十四卷，新版，秘册汇函本。"① 这里所谓的"旧版"当不可能是宋刻或元刻，而应该是相对于《秘册汇函》本"新版"的"旧版"，那么《秘册汇函》本的"旧版"正是马纪所刻的《齐民要术》，可是前揭"湖湘本"却为 8 册，并非 4 册，这也从另一个侧面暗示了确有一种"别本"马纪刻《齐民要术》的存在。联系到上文所言的"陕西布政司"本，笔者认为《澹生堂藏书目》所录"旧版"《齐民要术》很有可能是马纪在陕西所刻的本子，而这个本子与"湖湘本"的最大差异便是册数，简言之"湖广布政司"所刻"湖湘本"《齐民要术》有 8 册，而"陕西布政司"所刻仅有 4 册。

据《禹州志》小传所载，马纪在陕西任职的末期其母去世，他不得不"丁母忧"而回乡。具体时间参考他在"洮岷道"的后继者"杨丽"的接任时间，即嘉靖十八年（1539）。② 3 年之后，"升浙江右参政"，故考万历《杭州府志》，其中卷十一《职官表》载马纪于嘉靖二十二年（1543）担任浙江布政司右参政，③ 且又一次入"名宦传"，传中形容其为："操持坚定，强直不挠，爱护小民，保之若子。"④ 而且马纪也在这一任上病逝，"卒于官"，据其接任者林云同的到任时间，马纪当是在嘉靖二十三年（1544）去世的。⑤

以上利用多种史料综合整理与分析，基本还原了明代《齐民要术》重要刊刻者马纪的生平，剩下的遗漏便是他官任山东按察司的时间。但是根据上文

---

① 冯惠民、李万健等选编：《明代书目题跋丛刊》，北京：书目文献出版社，1993 年，第 998 页。

② （清）汪元絅修，（清）田而穟纂：《（康熙）岷州志》卷十二《职官上》，《中国地方志集成·甘肃府县志辑》第 39 册，南京：凤凰出版社，2008 年，第 108 页。

③ （明）刘伯缙修，（明）陈善等纂：《（万历）杭州府志》卷十一《职官表》，《中国方志丛书·华中地方·第五二四号》，台北：成文出版社，1983 年，第 791 页。

④ （明）刘伯缙修，（明）陈善等纂：《（万历）杭州府志》卷六十三《名宦三》，《中国方志丛书·华中地方·第五二四号》，台北：成文出版社，1983 年，第 3842 页。

⑤ （明）刘伯缙修，（明）陈善等纂：《（万历）杭州府志》卷十一《职官表》，《中国方志丛书·华中地方·第五二四号》，台北：成文出版社，1983 年，第 791 页。

的史料排比来看，马纪生平宦游线索是非常明确的，唯一较为模糊之处便是其嘉靖五年巡按四川结束回京任"京畿道御史"至嘉靖八年任九江府知府这段时间，一个可能的经历是马氏在都察院担任了3年御史之后再次被外放，但是由于山东地方志书确实记载了他在此处的为官经历，因此较为可能的生平是，马纪在嘉靖五年回京之后，不久便被外派到山东按察司，随后才升任九江知府，否则马纪在山东的经历几乎无法加入到他的履历中。

第二节　马纪与明代官员的农书刊刻行为

通过前一节的考述，这里不妨将马纪的生平重新梳理如下，以供参考：

马纪，字直卿，河南钧州人，成化十七年九月初十生。父为马安，母赵氏，其祖马文麟，为明中期名臣马文升之兄，且曾知江浦、江阴，政绩卓著。马纪娶妻连氏，有子四人：斯藏、斯才、斯作、斯祖。马纪初为国子生，治《诗经》，正德五年中举，正德十二年中进士，"赐同进士出身"。后知雄县，入祀名宦。嘉靖元年，回京任云南道御史。嘉靖三年巡按湖广，刻《齐民要术》。嘉靖四年巡按四川，人称"包老"。嘉靖五年回京任京畿道御史，后外在山东按察司任职。嘉靖八年任九江知府，以政绩升陕西按察司副使，是年嘉靖十三年。两年后，任"洮岷道"兵备副使，再入当地"名宦传"。另，马氏在陕期间可能主持刊刻了"陕西布政司"本《齐民要术》。嘉靖十八年，"丁母忧"。嘉靖二十二年复出，任浙江布政司右参政，卓有政绩，三入地方"名宦传"。嘉靖二十三年积劳成疾，"卒于官"。

回顾马纪的宦游生涯，马氏有几点是屡被地方志书撰者所提及的：第一，马氏有着优秀的断案能力，在雄县"旁邑之讼狱者，日争趋焉"，在岷州"听讼曲尽隐微"；第二，马氏敢于得罪达官贵人，在湖广上书约束藩王府的不当行为，在四川"不畏强御"；第三，马氏十分爱护地方百姓，在九江，刚到任便与灾民相见，了解他们的疾苦，在杭州，"爱护小民，保之若子"。由此可见，马纪是一位勤政爱民的职业官僚，他长期在地方经营，用自己的行动实践着儒家的"仁政"理念。① 刊刻农书正是儒家官僚"劝课农桑""教民范民"的一种活动，马纪对于历史的功绩正在于此。

虽然碍于史料的缺乏，我们难以探寻马纪是从哪里得到所谓"古善本"的《齐民要术》，但是从其"治《诗经》"的出身来看，马氏应当很早就知道并了解这部农书。因为在宋明各种诠释《诗经》的撰著中，几乎都大量引录了《齐民要术》的内容来解释其中的"名物"，例如宋人严粲辑的《严氏诗辑》、明人冯复京所编的《六家诗名物疏》等都引用了相当《齐民要术》关于植物的记载。在马纪"按治湖湘"期间，又恰好"获古善本"《齐民要术》，他并不是简单将这部书交与布政司刊刻，而是从事了一定的校勘活动，对"湖湘本"《齐民要术》颇有研究的缪启愉先生有如下介绍：

> 湖湘本有一个特点，就是在书的上栏板框之下正文之上的狭窄空隙处，用小字加刻刻书人的校语，全书三十余条，只刻记"恐讹""衍""未详"等字样，有的还是书刻成后再经覆校补上去的，均仅指明和补正而已，不予径改。表明马直卿的刻书态度非常严谨，力求保持原样，不轻改一字，则其错脱之多，显系来自据刻原本。②

由此可见，马纪对于刻书的态度与其为官为政一致，均以严谨著称。后来，马纪前往陕西任职，笔者蠡测《古今书刻》中所录"陕西布政司"刻本《齐民要术》可能就是马氏在陕时所刻，不过尚未有确切的证据，只是聊备一说。

有关明代官员刊刻农书的活动，其实在明嘉靖年间以后颇为频繁，如《王祯农书》便在嘉靖九年于山东布政司重刻；《多能鄙事》则在嘉靖年间刊刻过两次：嘉靖十九年青田县训导程法刻，嘉靖四十一年河南布政使右参政范惟一刻；《便民图纂》更是在嘉靖年间有 3 次刊刻：嘉靖六年云南左布政使吕

---

① 陈宝良根据吕坤的《实政录》所总结的明代"好官"的共同特点为：政平讼理、重视教育、兴修水利、省费惠民、捕盗平叛、生活清俭，而这六个方面几乎全见于马纪相关的传记中，这也说明了马氏确实是用心实事的地方父母官。具体参见陈宝良：《明代地方官面对国计民生的矛盾心态及其施政实践》，《安徽史学》2017 年第 2 期。

② （北魏）贾思勰著，缪启愉校释：《齐民要术校释（第二版）》，北京：中国农业出版社，1998 年，第 954~955 页。

经刻，嘉靖二十三年浔州府知府王贞吉刻，嘉靖三十一年贵州左布政使李涵刻。① 可以说，明代嘉靖年间，地方官员掀起了一阵刊刻农书的风潮，且这一风潮一直持续到明末。产生这样一种风潮的原因固然离不开明中期以后出版业的繁荣与书籍的增多，但是更为重要的是刊刻农书及其所造成的农学知识的传播有利于整个国家的统治，正如王廷相为马纪所刻《齐民要术》写的跋文一般："富民者，农事其先务也；教农者，有司之实政也。"② 英国汉学家白馥兰对此概括为：

> 官修农书主要关注的内容是如何改进和传播农业知识，它们被视为政府的工具。这些农书之所以被写下来，主要是让其他官员作"牧民"之用，……这些著作得到地方官员的推荐、刊印和传播，这是他们"劝农"举措中的一部分，其目的在于让民众受益（"利民"），让国家的、社会的、道德-宇宙观的秩序得以维护。③

因此，马纪刊刻《齐民要术》的活动也是其试图强化儒家式地方治理的一种方式，而不仅仅在于其中所蕴藏的农业技术知识的扩散与传播，用马纪自己的话来说："此王政之实也"。

当然，马纪本人并未留下相关文章去描绘自己刊刻《齐民要术》的目的与心态，他也没有留下一篇诗文去勾勒自己在官宦经历时的种种想法，他更没有沾染明代官僚那种四处吟诗留文、结交名士的恶习，但是作为"好官"的马纪在地方治理上的努力与保存《齐民要术》的功绩不应该被抹杀。正是这些默默无闻的地方官员支撑了整个大明帝国的运转，也正是马纪才让我们得以见到几近埋没的《齐民要术》。

---

① 有关明代官刻农书的具体情况，可参考拙文葛小寒：《明代官刻农书与农学知识的传播》，《安徽史学》2018 年第 3 期。

② （北魏）贾思勰撰：《齐民要术》卷末《齐民要术后序》，国家图书馆藏明秘册汇函本。

③ （英）白馥兰著，吴秀杰、白岚玲译：《技术·性别·历史——重新审视帝制中国的大转型》，南京：江苏人民出版社，2017 年，第 234 页。

附　编

第九章 文献、史料与知识：古农书研究的范式及其转向

1920 年，万国鼎先生从金陵大学毕业，旋即开始了古农书的整理与探讨，具有近现代意义的中国农史研究便是从这一年发起的。① 在近百年的农史发展进程中，对于历史时期古农书的研究毫无疑问处于较为核心的位置，正如胡道静先生所言："要了解古代农学发展的过程及其基本情况，最完整的资料还是要依据古农书。"② 有关 20 世纪古农书研究的概况，惠富平已有两篇论文进行总结：《中国传统农书整理综论》关注的是现今学者对于农书的"搜求、编目、校勘、注释、今译、辑佚、典藏、影印"等方面的古农书整理活动；《二十世纪中国农书研究综述》则分门别类地介绍了诸种农书的相应研究成果，并提出"得失"与"前瞻"。③ 但是，以上对于古农书研究的概括与反思仍有两点值得补充：第一，古农书研究的发展态势仍值得深入分析，尤其是这一态势背后与农史学科发展之间的关联问题有待揭示；第二，以上两篇论文撰写于世纪之交，因此对于 21 世纪后古农书研究发展的新趋向未给予关注。虽然农史学界也在随后出现了一些对于农史研究的总结性论文，但是专门评述古农书

---

① 王思明、陈明：《万国鼎先生：中国农史事业的开创者》，《自然科学史研究》2017 年第 2 期。

② 胡道静：《我国古代农学发展概况和若干古农学资料概述》，《胡道静文集·农史论集 古农书辑录》，上海：上海人民出版社，2011 年，第 56 页。

③ 惠富平：《中国传统农书整理综论》，《中国农史》1997 年第 1 期；《二十世纪中国农书研究综述》，《中国农史》2003 年第 1 期。

的论文则未见。① 正是基于以上考量，笔者将在本章中，重新思考近代以来古农书研究中的范式问题，同时接续惠富平的研究，进一步讨论最近出现的古农书研究的转向问题。

第一节 文献：古农书研究的基础

古农书首先是一种广义概念上的"历史文献"。因此，古农书研究的基础性工作便是从文献学角度切入的。对此谈论最多的大概是梁家勉先生，在《利用中国目录学为农业科学服务的若干问题》《整理古农书的初步意见——简复农业出版社》《整理出版古农书刍议》等论文中，梁先生始终认为"编目""校释""辑佚"等文献学方法是整理古农书的钥匙。② 从实际情况来看，一直到20世纪80年代，古农书的文献整理活动确实取得了相当的成果。惠富平作了如下总结："基本摸清了农书的家底，先秦至明清时的重要农书全部得以校注整理，一些珍本农书被影印出版。"③ 以上论述点明了古农书整理中的4个重点领域："搜集""编目""校释""影印"。由于"编目"方面的检讨，笔者将在第十章具体论述，下面就另外3个方向略作讨论：

从"搜集"情况来看，④ 早在中华人民共和国成立以前，万国鼎先生便在金陵大学主持了古农书的搜集与整理活动，"我们想要改进中国的农业，不转

① 这一时期反思农史研究的论文颇多，例如王思明：《农史研究：回顾与展望》，《中国农史》2002年第4期；李根蟠、王小嘉：《中国农业历史研究的回顾与展望》，《古今农业》2003年第3期；田富强、张洁、池芳春：《传统史学的史料开掘与农史研究的题材拓展》，《西北农林科技大学学报（社会科学版）》2003年第3期；何建新：《从引证分析看中国农史研究（1981—2006）》，《中国农史》2007年第2期；李根蟠：《农史学科发展与"农业遗产"概念的演进》，《中国农史》2011年第3期；等等。

② 以上论文均见梁家勉先生论文集，倪根金主编：《梁家勉农史文集》，北京：中国农业出版社，2002年。

③ 惠富平：《中国传统农书整理综论》，《中国农史》1997年第1期。

④ 其实，"辑佚"活动也是一种古农书的"搜集"，但是正如肖克之所言，农史学界似乎只有胡道静先生长期沉湎于此，而且"再出一辑佚名家，似不太可能"，因此，有关古农书的辑佚情况，参见肖氏与前揭惠富平的论文即可。具体参见肖克之：《农业古籍版本丛谈》，北京：中国农业出版社，2007年，第188~196页。

载研究外国人发明的科学农业，而应当做两件工作：第一是从事实地调查中国的农业状况；第二便是从事于整理古农书。"① 中华人民共和国成立以后，随着中国农业遗产研究室在南京的成立，万先生启动了更为庞大的古农书搜集计划，并先后整理出《中国农业史资料续编》《方志农史资料》《中国农学遗产选集》等农史资料。② 至于古农书的收藏情况，农遗室藏有较为珍贵的"善本"农书15种，例如现存国内最早的《齐民要术》（明嘉靖年间马直卿刻本）与《农政全书》的原刻本（平露堂刻本）。另一方面，石声汉和辛树帜两位先生则在西北农学院（今西北农林科技大学）成立古农学研究室，他们同样重视古农书的搜集，辛先生曾经计划用10年以上的时间集中整理农书、农谚与时令，③ 而古农学研究室的藏书也是相当可观，该室除了存有《农政全书》平露堂刻本这样的"善本"之外，还囊括了现存大约500余种农书中的280多种。此外，华南农业大学的农业历史文献特藏室大概是全国最为规范的古农书收藏机构，在梁家勉先生带领下，该室制定了相当完备的农书收藏条例，④ 其收书情况也颇具特色，不同于以上两家专注于中国古农书，农业历史文献特藏室还广泛收藏了朝鲜、日本等国抄刻的古农书，如日本享保十二年（1727）精抄《聚芳带图》、文化五年（1808）养真堂刻印《毛诗名物图说》，等等。⑤ 农史学界历来有"东西南北"四大重镇之说，而"北"即是指北京农业大学（今中国农业大学），其主要代表人物是王毓瑚先生，王先生也认为古农书的收藏极为重要，并且重视"广泛地搜求较为不经见的农书"，⑥ 从该校所编的《北京农业大学图书馆藏中国古农书目录》来看，王先生的工作也

---

① 万国鼎：《整理古农书》，《万国鼎文集》，北京：中国农业科学技术出版社，2005年，第326页。

② 有关中国农业遗产研究室的古农书整理情况，可参考惠富平：《积石成山　继往开来——1920年代以来中国农业遗产研究室的农业文化遗产整理与保护》，《中国农史》2010年第4期。

③ 张曦堃、卜风贤：《辛树帜与中国农史研究》，《农业考古》2012年第6期。

④ 例如《中国农业文献专藏简则》《〈入藏古农书及有关古书的善本目录〉著录条例》等，均见倪根金主编：《梁家勉农史文集》，第470~475页。

⑤ 相关情况参见黄淑美：《华南农学院农业历史遗产研究室简介》，《农业考古》1981年第2期。

⑥ 王毓瑚：《关于整理祖国农业学术遗产问题的初步意见》，《王毓瑚论文集》，北京：中国农业出版社，2005年，第19页。

取得了相当的成绩。① 除了以上这四大农史研究基地外，中国农业博物馆也是为数不多的古农书专藏单位，根据其网站上的介绍，目前该馆收藏的古农书约有755册，而其中精品、善本的介绍则屡见肖克之的相关论文中，这里不再赘述。当然，各大公立图书馆以及其他古籍收藏单位也多有古农书的收藏活动，② 有些单位的古农书藏书量甚至超过以上所介绍的诸家，但是以古农书为专门搜集对象，并在学界产生一定影响的机构大约以上5家足可概括之。

"校释"是古农书整理方面的最核心工作，它具体又可以分为"校勘"和"注释"两个项目。对此，石声汉先生有着更为详细的讨论：

> 将过去钞、刻、排印各种版本中的错漏，改正补足；对某些较难理解的字句章节，作出合理解释；加上新式标点，以便阅读；对全书作些"入门"的分析介绍；对有关栽培技术及品种性能等各方面演进情况，作些探讨；乃至附加语释等等，都是给学习这些历史文献，从事专门研究或应用的人，减少阅读上的障碍。③

而这一工作在新中国成立后，尤其在1955年召开的关于整理农业遗产的座谈会之后，得到了迅速发展。根据肖克之所撰的"20世纪40年代以来农业古籍出版目录"（1950—1990），这一时期约有121种古农书及其相关古籍整理出版，包括了《齐民要术》《王祯农书》《农政全书》等"经典"古农书。④ 迟至20世纪90年代，传统中国最为重要的农书已经全部得到有效的校勘与注释了。因此，21世纪以后，古农书的校释工作也逐渐陷入低潮，这里不妨根据曾雄生所作的"古农书出版情况（1954—2005年）"表格，将历年出版的古农书数量罗列于表9-1。

---

① 具体参见北京农业大学图书馆编：《北京农业大学图书馆藏中国古农书目录》，北京：北京农业大学图书馆油印本，1956年。

② 例如20世纪50年代，各大图书馆均根据本馆所藏农书进行了编目工作，例如南京图书馆所编的《中国古农林水利书目》，云南省图书馆所编的《中国古代农书目录》，浙江图书馆、湖北图书馆、陕西图书馆等编纂的《馆藏中国古农书目》，等等，由此可见，这些图书馆的农书搜藏工作也有一定的成果。

③ 石声汉：《石声汉农史论文集》，北京：中华书局，2008年，第192页。

④ 肖克之：《农业古籍版本丛谈》，第284~291页。

表 9-1 古农书出版数量简表（1954—2005 年）[①]

年份	1954—1965	1966—1975	1976—1985	1986—1995	1996—2005
数量	75	1	39	28	13
占比	48%	0.6%	25%	18%	8.4%
平均每年数	6.25	0.1	3.9	2.8	1.3

　　以上可见，除了"文革"10 年外，古农书的校释活动是与日递减的，到了世纪之交，每年出版的农书数量下降到了 1 本左右。2005 年以后，古农书校释的式微并没有好转，目前尚活跃的农史学者几乎不再进行古农书的校释了，就农史重镇中国农业遗产研究室来看，近年仅有卢勇对于明代水利书《问水集》的校释出版，可见一斑。[②] 但必须要强调的是，在农史学者逐渐不再从事这一活动之时，很多传统史学界的研究者们反而开始重视古农书的校释，他们大多是对专门性的农书进行集中的校勘与注释，例如宋史专家方健着力进行了中国历代茶书的校勘，[③] 中国人民大学清史研究所则组织了一批学者校释了中国历代的荒政书，[④] 文献学者顾宏义主持校订了所谓"宋元谱录"，其中多有涉及古农书中的花谱。[⑤]

　　最后讨论一下古农书的"影印"问题。由于古农书数量较多，全部进行校释既无可能，也没有必要，因此影印古农书是我们从事研究活动必不可少的工作。梁家勉先生便曾呼吁："不少古农书或有关古书，今天国内流传极少，觅之不易。为了把这些罕见的历史资料保存下来，有必要进行影印或重新校刊。"[⑥] 与古农书的其他文献整理活动相比，古农书的影印似乎并未得到应有重视。据彭世奖先生的介绍来看，新中国成立以后仅农业出版社曾以《中国

附
编

---

① 曾雄生：《中国农学史（修订本）》，福州：福建人民出版社，2012 年，第 610~629 页。
② 卢勇：《〈问水集〉校注》，南京：南京大学出版社，2016 年。
③ 方健：《中国茶书全集校正》，郑州：中州古籍出版社，2015 年。
④ 李文海等主编：《中国荒政书集成》，天津：天津古籍出版社，2010 年。
⑤ 顾宏义主编：《宋元谱录丛编》，上海：上海书店出版社，2017 年。
⑥ 梁家勉：《梁家勉农史文集》，第 487 页。

农学珍本丛书》为名，影印了一批包括《全芳备祖》在内的珍本农书。① 自此之后，就不曾有专门的古农书丛书的影印出版了。相较而言，古代医书以及包含医书和农书的所谓"古代科技文献"都有专门的影印丛书问世。② 但是，笔者倒不认为古农书影印极为缺乏，因为在各种古籍影印丛书中或多或少都有古农书的影子，下面可就笔者较为熟悉的明代农书略作引申。根据王毓瑚先生的《中国农学书录》，明代通计存佚约有 124 种农书，除去佚失的 50 农书，还有74 种。③ 那么，这 74 种明代农书的影印情况如何呢？请看下表 9-2。

表 9-2 《中国农学书录》所录明代农书影印情况简表

影印情况	无影印	无专门影印	有 1 种影印	有 2 种及以上影印
数量	11	5	22	36
占比	15%	7%	30%	49%

上表可见，明代农书尚未影印的只有约 11 种，它们中的不少确实是孤本、秘本，例如《农用政书历占》仅见南京图书馆有藏胶卷，④ 又如张应文所撰《老圃一得》亦仅见湖南图书馆有藏。⑤ 其余 60 余种农书均有不同程度影印：有的虽然没有专门影印，但是可在他书中得见，例如陈继儒的《种菊法》，该书未见单独的刻本，亦不存在单独的影印，但是是书内容存于清人陆廷灿所撰《艺菊志》卷二《法》中，因此实际上也是可以看到的；⑥ 而在确有影印的 58

① 彭世奖：《略论中国古农书》，《中国农史》1993 年第 2 期。
② 例如《中国中医研究院图书馆藏善本丛书》与《中国科学技术典籍通汇》，等等。
③ 有关明代农书的情况，参见王毓瑚：《中国农学书录》，北京：中华书局，2006 年，第 118~196 页。
④ 佚名撰：《农用政书历占》，南京图书馆藏明万历八年（1580）刻本。
⑤ 根据《中国古籍总目》的介绍，《张氏藏书》现有两个版本，其中抄本仅存《山房四友谱》《茶经》《瓶花谱》《野服考》《朱砂鱼谱》5 种，并无《老圃一得》，而万历刻本目前在南京图书馆与湖南省图书馆有藏，笔者见南京图书馆藏本仅有 5 种，不见《老圃一得》，而根据《湖南省古籍善本书目》的介绍，湖南图书馆的藏本却包含《老圃一得》，另在湖南省图书馆施文岚女士的帮助下，证实该馆确藏有此书，特此致谢！
⑥ （清）陆廷璨：《艺菊志》，《续修四库全书》第 1116 册，上海：上海古籍出版社，2002 年，第398~399 页。

种明代农书中，大部分都有两种以上的影印本，有的甚至有六七种之多，例如《救荒本草》便有至少 6 种不同的影印本，涵盖了"清文渊阁四库全书本""明万历十四年（1586）刻本""明嘉靖四年（1525）刻本"3 种版本。[①] 从以上讨论来看，如果我们以明代农书的影印情况作为代表的话，完全可以说：虽然至今没有诞生一种全面的古农书影印丛书，但是目前的古籍影印实际上已经涵盖了绝大部分的古农书。因此，古农书影印接下来的工作应该聚焦于那些稀见的孤本、秘本。

综上所述，经过老一辈农史学者几十年的努力，古农书的文献整理活动已经取得了很大的成绩。但是新世纪以来，这样的文献整理与研究已经变得十分稀少了。那么，笔者的疑问是，为何在古农书的整理工作大体有了阶段性成绩之时，对于古农书的研究反而越来越少了呢？难道仅仅是因为前人的工作已经很完善而不需要大的调整了吗？笔者认为，古农书研究的范式转型才是回答以上问题的关键。因此，笔者将在下文进一步讨论古农书研究进程中的两种范式的转变。

第二节 史料：从"科学技术史"到"社会经济史"

上文简略介绍了新中国成立以来古农书的文献整理情况，但是笔者却回避了一个根本性的问题，即为何要整理与研究古农书？当然，从纯学术的角度来说，古农书的研究是为农史研究所服务的，石声汉先生在《中国古代农书评介》中写道：

> 我们的任务，只是就两千多年来各时代的代表性农书，说明古农书在记载农业生产科学技术知识上的演进迹象。也就是透过古代农书的演变历

① 关于该书的影印情况如下：《景印文渊阁四库全书》第 730 册收"清文渊阁四库全书本"；《中国古代版画丛刊》第 2 册、《中国科学技术典籍通汇》生物卷第 2 册和《四库提要著录丛书》子部第132 册收"明嘉靖四年刻本"；《中国中医研究院图书馆藏善本丛书》第 12 册和《原国立北平图书馆藏甲库善本丛书》第 489 册收"明万历十四年刻本"（《中国中医研究院图书馆藏善本丛书》题为"万历二十一年（1593）刻本"，经笔者目验，此版本信息有误，应仍为"万历十四年刻本"）。

附
编

· 147 ·

史，来看我国农业科学技术知识的进展。①

不过，正如毛泽东所言："为艺术的艺术，超阶级的艺术，和政治并行或互相独立的艺术，实际上是不存在的。"② 同理，全然的学术研究也是不存在的，它必定是为一定的对象所服务。石先生在同书中也写道："如果我们能够好好地继承这份遗产，加以整理分析，将其中有益的部分，发扬光大起来，使它们'古为今用'，肯定可以为现在和未来的大众，作出更大贡献。"③ 换言之，古农书的整理与研究说到底是为今人服务的，而这样一种认识广泛弥漫在老一辈的农史学者思维中，例如胡道静先生也认为："整理农学遗产，从农业技术角度看，是要吸收其中对今天农艺仍然有用的部分，使之为生产服务。"④ 因此，早年古农书整理活动的目的几乎都是为了服务于现代农业科学，像是王毓瑚先生编撰的《中国农学书录》，王氏自序："这个目录首先是供农业科学工作者检查之用。"⑤ 而中国农业遗产研究室整理的《中国农学遗产选集》也是"为使各地专家们，可以方便地利用古书中的有关资料，结合实地调查研究，对祖国农学遗产加以适当的整理、利用和发扬，为增加农业生产和促进科学研究服务。"⑥ 甚至对于古农书的校释活动也是如此，夏纬瑛先生在《吕氏春秋上农等四篇校释》的"后记"中写道："在重视祖国农学遗产的号召下，我为它作了校释，以便农学家的研究。"⑦ 从以上讨论来看，不是因为古农书的研究从而建立了以"农业科学技术史"为核心的农史学科，而是前辈学者们一开始就是以为农业科学技术服务为导向的，由此进行古农书的研究。

---

① 石声汉：《中国古代农书评介》，北京：农业出版社，1980 年，第 8 页。

② 毛泽东：《在延安文艺座谈会上的讲话》，《毛泽东选集》第 3 卷，北京：人民出版社，1967 年，第 822 页。

③ 石声汉：《中国古代农书评介》，第 1 页。

④ 胡道静：《胡道静文集·农史论集 古农书辑录》，第 67 页。

⑤ 王毓瑚：《中国农学书录》，"序"，第 1 页。

⑥ 陈祖槼主编：《中国农学遗产选集·甲类第一种·稻（上编）》，北京：中华书局，1958 年，"中国农学遗产选集总序"，第 1 页。

⑦ 夏纬瑛校释：《吕氏春秋上农等四篇校释》，北京：农业出版社，1956 年，第 119 页。

据惠富平的分析，"文革"以前与改革开放之后的20世纪八九十年代是古农书研究的"黄金时期"。这一"黄金时期"可从以下两个角度进行理解：第一，古农书的文献整理活动取得了较大的成果（即本章第一节的讨论）；第二，古农书研究在农史研究中占据着中心位置。下面就第二点略作探讨：

大多数对于农史研究反思的论文都指出，20世纪90年代以前农史研究的中心是"农业科学技术史"，例如李根蟠认为改革开放前的农史研究"农业科技史和农业生产史的专题研究亦已开展"，而到了八九十年代，"农业科技和农业生产是新时期农史研究的中心"。① 笔者上文指出，古农书研究与农史研究形成这样的"科学技术史"研究范式是与农史学科建立之初的前辈们对于古农书与农史的认识分不开的。既然古农书研究是为农业科技服务，那么农史研究也自然是为此目的展开的，叶依能先生在中国农业遗产研究室成立三十周年庆祝会上的讲话可以说概括了当时农史学者们的认识："加强农史研究，把丰富的农业历史经验挖掘出来，加以整理、总结，分析研究使之系统化、条理化、科学化，更好地为农业现代化服务，这是农史研究者责无旁贷的职责。"② 如何挖掘古代农业中的"科学技术"价值呢？彭世奖先生在另一篇论文中作了更为详细的介绍：

一、运用史料，探索各种自然现象之间的相互关系和发展规律。

二、提供信息，让农业科技人员能在前人经验的基础上总结创新。

三、根据需要，发掘和提供失传了的农业科技知识以供参考利用。

四、根据史料，为动植物资源的开发利用提供线索。③

而以上所谓的"史料""信息"说到底就是"农业遗产"，"农业遗产中，我国传统的旧农书，是一个很显著的项目"。④ 换言之，古农书正是探索古代

---

① 李根蟠、王小嘉：《中国农业历史研究的回顾与展望》，《古今农业》2003年第3期。

② 叶依能：《加强农史研究　更好地为农业现代化服务——在中国农业遗产研究室成立三十周年庆祝会上的讲话》，《中国农史》1986年第1期。

③ 彭世奖：《农史研究与现代农业科技的发展》，《中国农史》1997年第3期。

④ 石声汉：《石声汉农史论文集》，第190页。

农业科学技术的最佳入口：

> 农书系统记载了我国古代农业技术经验和生产知识，内容涉及土壤耕作、粮食油料作物栽培、果树蔬菜、花卉药材、畜牧兽医、水利、农具、救荒、农学理论、农业遗产经营管理、农村生活等各个方面，是唯一反映出传统农业历史特点的古典文献，对于研究和利用我国传统农业文化具有重要价值。①

因此，正是在上述背景之下，古农书研究才走向了农史研究的中心位置。犁播所编的《中国农学遗产文献综录》和中国农业博物馆编的《中国农史论文目录索引》分别收录了 1981 年与 1991 年以前的与农史相关的论文与专著，这就为我们考察 20 世纪 90 年代以前古农书的研究情况提供了很好的参考。② 略检其中提到的论文，大体可以分为古农书文献整理与考证、概括性的介绍、"科学技术史"取向的研究与其他诸如成书背景、思想观念、社会经济方面的探讨，研究对象则多以"四大农书"为主。这里就笔者所见说明之：第一，《氾胜之书》，该书专门的研究倒并不多见，主要是万国鼎、石声汉先生的两种"辑释"以及由此引发的论战；③ 第二，《齐民要术》，这是当时研究最为深刻的一种农书，除了有石声汉、缪启愉两种点校本以外，④ 相关论文近百篇，其中内容大多均为介绍书中的农业科学技术，⑤ 并且旁及生物科学与

---

① 惠富平、牛文智：《中国农书概说》，西安：西安地图出版社，1999 年，"前言"，第 1 页。

② 具体参考犁播：《中国农学遗产文献综录》，北京：农业出版社，1985 年，第 5~34 页；中国农业博物馆资料室编：《中国农史论文目录索引》，北京：中国农业出版社，1992 年，第 74~100 页。

③ 具体参见万国鼎校释：《〈氾胜之书〉辑释》，北京：中华书局，1957 年；《〈氾胜之书〉的整理和分析兼和石声汉先生商榷》，《南京农学院学报》1957 年第 2 期；石声汉校释：《〈氾胜之书〉今释（初稿）》，科学出版社，1956 年；《从〈氾胜之书〉的整理工作谈起：读万国鼎教授〈《氾胜之书》的整理和分析兼和石声汉先生商榷〉》，《西北农学院学报》1957 年第 4 期。

④ 具体参见石声汉校释：《〈齐民要术〉今释》，北京：科学出版社，1958 年；缪启愉校释：《〈齐民要术〉校释》，北京：农业出版社，1982 年。

⑤ 较为经典的论文有万国鼎：《论〈齐民要术〉——我国现存最早的完整农书》，《历史研究》1956 年第 1 期；石声汉：《从〈齐民要术〉看中国古代的农业科学知识——整理〈齐民要术〉的初步总结》，《西北农学院学报》1956 年第 2 期；等等。

食品科学领域，① 有意思的是，即便是在"文革"时期，对于该书的研究虽然套上了所谓"儒法斗争"的帽子，但是强调其中的科学技术却是一以贯之的；② 第三，《王祯农书》，该书虽然篇幅巨大，但是专门讨论的论文却不及《齐民要术》那般多，这可能是由于该书"错误很多"且长期没有较好的点校本问世的原因，③ 不过就仅有的论文来看，学者们也主要关注书中所记载的农业技术，例如杨宽专门讨论了农具"水排"的问题，④ 朱活则在一篇论文中详细论述了书中的农业生产技术，并认为："对于当前发展社会主义新农业，王祯《农书》有很多可以作为借鉴的地方。"⑤ 第四，《农政全书》，是书石声汉先生与康成懿先生在文献校勘与引文探源方面做了相当重要的贡献，⑥ 而其余的研究以一般性的介绍为主，这种介绍自然也是以书中的农业科学技术为核心的，⑦ 另有一些论文强调该书是所谓的"农业百科全书"，⑧ 由此可见，对于该书研究的关注仍在"科学技术史"层面。

通过以上简要的梳理，不难看出 20 世纪 90 年代以前，农史学者们对于古农书的研究，除了基本的文献整理与考证之外，便是将其作为"农业科

---

① 例如门大鹏在《微生物学报》上发表了多篇关于该书的"豆豉""酿醋"的方面技术探讨的论文，具体参见门大鹏：《〈齐民要术〉中的酿醋》，《微生物学报》1976 年第 2 期；《〈齐民要术〉中的豆豉》，《微生物学报》1977 年第 1 期；《〈齐民要术〉中的乳酸发酵》，《微生物学报》1977 年第 2 期。

② 柯为民：《从〈齐民要术〉看法家路线对我国古代科学技术发展的促进作用》，《湖北林业科技》1975 年第 5 期。

③ 相较于前两种农书在 50 年代就已经出现了较好的校释本，《王祯农书》直到 1981 年才由王毓瑚先生出版了第一种校释本，尔后到了 90 年代才由缪启愉先生出版了更为完善的校释本，具体参见王毓瑚校：《王祯农书》，北京：农业出版社，1981 年；缪启愉译注：《〈东鲁王氏农书〉译注》，上海：上海古籍出版社，1994 年。至于该书存在的问题，参见缪启愉：《错误很多的〈东鲁王氏农书〉》，《古今农业》1992 年第 2 期。

④ 杨宽：《再论王祯〈农书〉"水排"的复原问题》，《文物》1960 年第 5 期。

⑤ 朱活：《王祯及其〈农书〉》，《文史哲》1961 年第 2 期。

⑥ 石声汉校注：《农政全书校注》，上海：上海古籍出版社，1979 年；康成懿：《农政全书征引文献探源》，北京：农业出版社，1960 年。

⑦ 这一时期介绍《农政全书》的论文数量颇多，且大同小异，一一列出并无意义，这里仅提供一篇论文，以供参考，谢仲华：《论徐光启及其〈农政全书〉》，华南农学院农业历史遗产研究室主编：《农史研究》第 2 辑，北京：农业出版社，1982 年，第 141~145 页。

⑧ 胡道静：《十七世纪的一颗农业百科明珠：〈农政全书〉》，《辞书研究》1980 年第 4 期；吴旭民：《我国古代的农学百科全书〈农政全书〉》，《文史知识》1983 年第 6 期。

学技术史"的一种主要史料，来考察某一历史时期的农业科学技术。因此，笔者认为这一时期的古农书研究呈现出"文献+科学技术史"的研究范式，而这一范式形成原因与老一辈学者"为现代农业科学服务"的意识有着重要的关系。

以上这种研究范式确实为作为一门新兴学科的农史学界提供了较为基本的研究方法指引。但是，立足于古农书的"农业科技史"研究并不能完全等同于农史研究。尤其是 20 世纪 90 年代以后，一方面随着古农书中的"科技"价值被挖掘殆尽，另一方面农业科学朝着更为专业化的方向发展，古农书研究或农史研究能为农业科学提供的帮助已经越来越狭小了。[①] 在这一背景之下，成长于改革开放后的学者们开始重新思考农史研究的方向，例如王利华便较早提出"农业文化"的研究理念，而这一呼吁可以说开了最近"农业文化遗产"研究的先声。[②] 不过，就笔者所见，这一时期最为深刻的反思集中在李成贵的论文中，李氏一改其他学者论文中的乐观情绪，[③] 棒喝式地指出："客观地讲，农史研究已处于内外交困之中，面临着衰荣兴废的重大选择，这样的判定绝非故作惊人之语，也非什么'杞人无事忧天倾'式的妄论。"而造成这一局面的原因，李氏归结为："农史界一直有一个偏向，就是过度地向农业技术史倾斜，对技术史的描述性解释构成了农史研究的绝对主体，而对农业史的丰富内蕴多有力所不及或疏忽的地方。"[④] 换言之，迟至 90 年代，农史研究的旧有范式（"科学技术史"）在很大程度上已经限制了这一学科的发展了，不少学者都呼吁拓展农史研究的方向。那么，在这一前提之下，农史研究又迎来了怎么样的转变，古农书的研究又有怎么样的发

---

① 例如农史大家游修龄先生在一篇访谈中便谈到当今农史的意义不在于为农业科学服务，而"主要在文化方面"，参见杜新豪、游修龄：《农史学家游修龄教授访谈录》，《农业考古》2011 年第 1 期。

② 王利华：《农业文化——农史研究的新视野》，《中国农史》1989 年第 1 期。

③ 例如张波在李文诞生的八年前也曾写过类似反思的论文，但那时对于农史研究尚抱着极为乐观的态度，张氏在文中写道："农史研究全盛时期的到来将不会十分遥远。"具体参见张波：《我国农史研究的回顾与前瞻》，《中国农史》1986 年第 1 期。

④ 李成贵：《价值、困境和出路：对农史研究的几点看法》，《农业考古》1994 年第 1 期。

展呢？

首先来看农史研究的变化趋势。正如上文所言，农史研究的建立及其早期发展都有着强烈的"为农业科学发展服务"的意识，而这样一种目的论在 20 世纪 90 年代以后则不再萦绕于农史学者的脑海中，相反，这一时期的农史学者更加强调对社会经济问题的关注。王思明在其总结与反思意义较强的论文《农史研究：回顾与展望》中，不仅延续了李成贵的看法，指出"以往的工作过多地偏重内史研究，且集中在对古代农业生产和技术的分析上"，而且提出农史新的时代关注不在于"为农业科学发展服务"，而在于对社会经济问题的关注，他写道："农史研究应当关注经济与社会发展中的重大问题，将历史与现实问题结合起来，充分发挥学科交叉的优势。"[①] 而在随后建立的《中华农业文明研究院文库》的"序言"中，王氏对这一视角进行了进一步阐释：

> 研究农业历史，眼光不能仅仅局限于农业内部，还要关注农业发展与社会变迁的关系、农业发展与经济变迁的关系、农业发展与环境变迁的关系、农业发展与文化变迁的关系，为今天中国农业与农村的健康发展提供借鉴。[②]

由此以后，农史研究的目的论发生了转变，从为"科学技术"服务转化成为"社会经济"服务。与此同时，农史研究的重心也从"科学技术史"转向了"社会经济史"。关于以上论点，我们也可通过一些学者的研究来证明。例如朱磊与卜风贤的论文对 1995—2004 年的农史论文发表情况作了详细的数据分析，研究显示"农业科技史"方面的论文占到全部发文量的 51.5%，而"农业社会经济史"的论文则有 31.2%，虽然从数据来看"农业科技史"仍占据着主导地位，但是两位研究者却认为："随着我国经济发展，农业经济史研究逐渐成为农史领域的热门话题，农史研究者尽量将研究方向向经济史领域靠

---

① 王思明：《农史研究：回顾与展望》，《中国农史》2002 年第 4 期。

② 李昕升：《中国南瓜史》，北京：中国农业科学技术出版社，2017 年，"关于《中华农业文明研究院文库》"，第 3 页。

拢，从而出现了农业经济史研究的高潮，经济史文献量大增。"① 2004 年以后，这种"社会经济史"在农史研究中的发展越来越猛烈，以农史最为权威的期刊《中国农史》为例，根据中国知网上的显示，这一刊物大概在 2007 年形成了较为稳定的 3 个主要栏目："农业科技史""农业经济史""农村社会史"，而该刊物近十年的"农业科技史"论文有约 200 篇，而"农业经济史"与"农村社会史"的论文合计有 341 篇，远超过前者。当然，以上的数据统计不可能精确，但是作为一种农史研究变化的趋势，还是值得参考的。即便我们把问题缩小到某一时期，像是李昕升对于明清以来"农业、农村、农民"问题研究综述的讨论，还是可以得到相同的结论，"对明清以来的'三农'研究，近 30 年以来农村、农民研究居多，主要体现在农村经济史、社会史；对农业研究相对偏少，且以对农业经济史研究为主，农业科技史研究很少。"② 因此，笔者认为，"社会经济史"取代"科学技术史"是 90 年代以来农史研究转向的一个最重要标识，在这一大背景改变之下，古农书研究也必然发生改变。

前揭惠富平的论文对 20 世纪 90 年代后的古农书研究有着如下观察：

> 90 年代中期以后，由于社会经济发展以及学科建设的需要，农史学科研究层面进一步拓宽，研究重点再次发生转移。农业经济史、近代农业史、传统农业文化、区域农业史、农业灾害史等的研究受到更多关注，农业科技史以及农业历史文献学成为学科的重要基础，研究步伐趋于平缓，深度增加，总结性提高，有关刊物上发表的农书研究论文相应有所减少，每年在五六篇上下。③

换言之，古农书研究随着农史研究重心的转移而逐渐减少。新世纪以后，古农书研究式微的态势并未得到好转。根据笔者不完全的统计，2000—2015 年，国内学人公开发表的涉及农书研究的论文有约 769 篇，按年代分配的话，大体上 2006 年以前的各年度的论文三四十篇，而从 2007 年开始，各年

---

① 朱磊、卜风贤：《近十年中国农史研究动向的计量分析》，《农业考古》2007 年第 1 期。

② 李昕升、王思明：《明清以来"三农"研究：近三十年文献回顾与述评》，《农林经济管理学报》2014 年第 3 期。

③ 惠富平：《二十世纪中国农书研究综述》，《中国农史》2003 年第 1 期。

度发表的论文则接近40~60篇。但是，这种数量上的上升并非农书研究升温的结果，而在一定程度上是受到研究生扩招与整个史学研究队伍的壮大有关。[①] 为了探讨农书研究在农史研究中的实态，笔者又统计了《中国农史》《古今农业》两个农史代表性刊物中所发表的关于农书的研究情况。总体看来，《中国农史》在新世纪以来共发表了57篇关于农书的论文，《古今农业》则只有29篇。从年度分析来看，两个刊物都呈现出21世纪前几年中所发表的关于农书的论文多的情况：《中国农史》在2003年之前，每年发表关于农书的论文均在6~7篇，而2003年之后最多年份也只有发表到5篇；《古今农业》则在2002年以前每年发表的关于农书的论文在4~5篇，而此之后则未有某一年发表的论文超过4篇。至于在农史论文中所占的比例也更为狭小了，例如新世纪后《中国农史》每年的论文数量在80至90篇上下，而古农书研究的论文仅占6%~7%，相较而言，王永厚在1996年的相同研究中却认为："在各类论文中，以'农史文献及农学家'为最多，有140篇，占全部论文的16.4%。这就说明，这一类是农史研究的重点项目，也是《中国农史》所着力宣传报道的内容之一。"[②] 接下来的问题是，为什么农史研究发生了"社会经济史"转向之后，古农书的研究呈现出下降甚至边缘化的态势呢？

第一，21世纪以后，农史研究愈发的注重为"社会经济"服务，这在行动上面的表现便是所谓"农业文化遗产"的概念的提出。[③] 在老一辈的农史学家观念中，"农业遗产"几乎就可以等同古农书，但是随着"农业文化遗产"研究与应用的逐渐展开，有的学者开始从概念上质疑原有"农业遗产"的范畴，强调之前的"农业遗产"是"固态"的，对于当今的价值已经不大了，相反，还有着"活态"的"农业遗产"，它们才是可以为当前"社会经济服

---

① 我国是在1999年前后开始研究生扩招的，并在2004年之前以每年扩招20%的速度增长，具体参见杨颉：《对研究生教育的扩招以及发展的若干思考》，《中国高等教育研究》2004年第5期。

② 王永厚：《〈中国农史〉载文的统计分析》，《中国农史》1996年第4期。

③ 相关概念及其阐释，可参考王思明、沈志忠主编：《中国农业文化遗产保护研究》，北京：中国农业科学技术出版社，2012年；李明、王思明：《农业文化遗产学》，南京：南京大学出版社，2015年。

务"的。① 这些"活态"的"农业遗产"正是"农业文化遗产",但是在"农业遗产"与"农业文化遗产"接轨的过程中,有些学者却在有意无意之间将古农书边缘化,将研究的重点转向具有"社会经济"价值的"农业系统、农业技术、农业物种、农业景观与农业文化。"②

第二,前揭王思明的论文大概是农史研究的"社会经济史"转向的一个标志。该文发表在 2002 年,而在随后的 2003 年田富强发表了《传统史学的史料开掘与农史研究的题材拓展》一文,这篇文章虽然短小且颇为简要,但确是农史学界较为少见的从史料上反思的论文。③ 在笔者看来,王文与田文的先后发表并非偶然,它预示着那时的学者由于开始了"社会经济史"转向而急需拓展史料。显然,与前辈学人的以"古农书为切入点的基础性创造工作"相比,"社会经济史"研究的史料需求远远超过了古农书所承载的内容。因此,方志、文集、笔记小说开始广泛地出现在农史论文与论著的征引中,而这一改变势必造成作为"科学技术史"研究范式中的主体史料古农书的边缘化。

综合以上两点来看,无论是农史学界介入"社会经济"以后形成的"农业文化遗产"研究,还是"社会经济史"转向后农史重心的变动,古农书在这一过程中都呈现出"去中心化"的态势,它不再是"农业遗产"以及"农业文化遗产"的主要项目,也不再是农史学者利用的主体史料。大部分学者对于这种变化是持乐观态度的,他们认为现在的"农业文化遗产保护"正是接续了前人的"农业遗产"整理与研究的事业。但是笔者认为,这种过度强调"活态"或"社会经济价值"的"农业文化遗产"概念最终会稀释甚至排斥以古农书为主体的"农业遗产"概念,关于这一点,农史学者必须要警惕。另一方面,新世纪以来的古农书研究也在一定程度上顺应了农史学界的"社会经济史"转向,不少学者不再考察古农书中的"科学技术"价值,而试图通过它们窥视历史时期的社会经济活动。这里不妨以这一时期仍持续关注古农

---

① 李根蟠:《农史学科发展与"农业遗产"概念的演进》,《中国农史》2011 年第 3 期。

② 闵庆文、孙业红:《农业文化遗产的概念、特点与保护要求》,《资源科学》2009 年第 6 期。

③ 田富强、张洁、池芳春:《传统史学的史料开掘与农史研究的题材拓展》,《西北农林科技大学学报(社会科学版)》2003 年第 3 期。

书的两位学者为例说明：第一位是对《补农书》颇有研究的周邦君，周氏大概在 2007 年开始着力于该书的研究，先后发表了多篇论文，并汇集成《〈补农书〉新解》一书，略检是书目录，分为"伟人思想与农学杰作""农业技术与农村经济""生态环境与社会调适""农业活动与灾害防治""农业实践与乡土文化"5 篇，仅看题目便可发现作者对于《补农书》的关注不在"科学技术"而在"社会经济"；① 第二位是长期关注清代蚕书的高国金，高氏本身就具有"社会经济史"的学术背景，他有关蚕书的研究，除了具体的文献考辨之外，便是有关蚕书在社会中的流转以及蚕书诞生的社会背景的讨论，② 目前，高氏又转向了"蚕桑局"的研究，更加凸显了"社会经济史"转向在古农书研究中的影响。总体来看，这一时期古农书的整理与研究同时陷入了低潮，原来"文献+科学技术史"的研究范式也难以维系，部分古农书的研究者开始往"社会经济史"靠拢，但是由于"社会经济史"的史料需求大大超过古农书的承载，古农书研究的"文献+社会经济史"的研究范式也就不可能完全成立。

第三节 知识：古农书研究的新方向

通过上文的分析，笔者大体勾勒出了中华人民共和国成立以后古农书研究的变迁，这里可以略加总结：20 世纪 90 年代前的古农书研究是农史研究的中心，而挖掘其中的"科学技术"价值，则是古农书研究重点，因此这一时期的古农书研究范式可以概括为"文献+科学技术史"；20 世纪 90 年代以后农史研究的中心转向了"社会经济史"，而古农书在这一转向中从"农业遗产"概念中被"去中心化"，又从农史的主体史料中被"边缘化"，在很大程度上失去了自身的研究价值与研究方向。对于以上这一趋势，笔者还

---

① 周邦君：《〈补农书〉新解》，成都：巴蜀书社，2010 年。

② 相关研究参见高国金、曾京京、卢勇：《道光至光绪年间（1821—1908）农书创作高潮现象分析——以蚕桑著作为例》，《古今农业》2010 年第 3 期；高国金：《同光之际劝课蚕书的撰刊与流传》，《中国农史》2013 年第 4 期；等等。

有如下两点观察：第一，古农书研究发生如上转变，说明了这一领域研究的兴盛与否是与整个农史学界的变动有着密切关系的，换言之，21世纪以来古农书研究的衰落并不能用该领域研究已经"成熟"来简单概括，它仅仅是当时学者视野转换的结果，古农书研究本身实际谈不上"成熟"；① 第二，无论是以古农书为核心的"科学技术史"研究，还是将其逐渐"边缘化"的"社会经济史"研究，它们都是将古农书视作"史料"而非研究的对象，那么，在文献整理与考辨以外，我们如何从事以古农书为对象的研究呢？以上两点观察旨在说明古农书研究在当前仍然具有相当的价值，这种价值既表现在该领域研究的"不成熟"，也表现在该领域研究应有新的方向。当然，文献研究中的"不成熟"只能通过传统的方法检讨，这里不作详细讨论。但是，笔者所谓新的方向又是什么呢？

2007年，德国马普科学史研究所与中国科学院自然科学史研究所成立了"伙伴小组"并且召开了相应的学术研讨会，关于他们合作的重点与今后研究的方向，韩毅研究员随后发表了论文予以介绍。② 单纯从引用率来看，这篇论文并未得到广泛的关注，但是就笔者所见，该文之于农史的意义实际上指出了一个不同于"科学技术史"与"社会经济史"的研究方向。韩氏的论文首先介绍"伙伴小组"成立后的主要关注：

> 在未来五年，伙伴小组的重点将放在不同知识领域的交界以及科技与社会文化的交互作用之上，探讨技术知识在中国发生、传播、增长、创新的文化与社会因素，重构中国人用什么方式、通过什么途径传播技术知识，哪些技术知识是公开的，哪些是秘密的，在中国古代如何表现出来？从而为构建多元世界文明史的图景作出贡献。

具体到农史研究方面，该文也有着具体的讨论："伙伴小组将运用'知

① 笔者所说的古农书研究得"不成熟"无意否定前辈学者的贡献，但是，假如我们对照与古农书同属于所谓"古代科学技术文献"的古医书的话，就会发现古农书整理与研究其实仍在一个相当初级的阶段。我们至多对几种经典农书作了相当的了解，但是对于流散在日韩的农书、藏在秘阁的农书、已经佚失的农书等的关注远不如古医书研究者来得多。

② 韩毅：《边界与接点：中国传统科技与社会的多元交汇——德国马普科学史研究所—中国科学院自然科学史研究所伙伴小组成立暨国际学术研讨会综述》，《自然科学史研究》2008年第2期。

识群’的概念探讨农业知识与技术发生的社会文化环境，研究不同时期农业知识的内容、种类及其跨界传播，探究技术知识创新的社会文化环境。”由此不难看出，这篇论文的实质是希望通过将“知识史”引入农史研究，从而超越作为内史的“科学技术史”与作为外史的“社会经济史”的纠结。随后，自然科学史研究所的同仁们着力于这一“知识史”取向的“古代科学技术”研究，相关成果多见之于该所主办刊物《自然科学史研究》与《中国科技史杂志》，其中农史方面的则多由曾雄生研究员及其学生杜新豪进行探讨。

曾雄生对于这一问题的关注大概是从他对徐光启的遗文《告乡里文》的研究开始的，在关于该文的两篇论文中，曾氏将研究的重点放在了“农学知识的传播”与“农业技术的地域交流”之上，① 而并没有率先讨论与“科学技术”和“社会经济”密切相关的“稻作问题”。② 在这之后，曾氏对于“农学知识传播”的关注仍在持续，一方面，他本人通过苏轼为个案讨论了宋代士人的“农学知识的获取与传播”，③ 另一方面，在他的指导之下，他的学生杜新豪在这一问题上也作出了相应的阐发。与其老师不同，杜新豪开始便是通过传统古农书讨论这一问题的，他的若干关于明代“农学知识北传”的论文几乎都是以《宝坻劝农书》为主要史料进行分析的。④ 而除了地域传播之外，杜氏最近的论文《〈便民纂〉与〈便民图纂〉关系考》，在传统的文献考证基础上，讨论了官刻的《便民图纂》被书坊翻刻成《便民纂》，由此完成了农学

---

① 曾雄生：《〈告乡里文〉：一则新发现徐光启遗文及其解读》，《自然科学史研究》2010 年第 1 期；《〈告乡里文〉：传统农学知识建构与传播的样本——兼与〈劝农文〉比较》，《湖南农业大学学报（社会科学版）》2012 年第 3 期。

② 曾氏对于“稻作问题”的解读迟至 2017 年才发表，具体参见曾雄生：《〈告乡里文〉所及稻作问题》，《中国经济史研究》2017 年第 3 期。

③ 曾雄生：《宋代士人对农学知识的获取和传播——以苏轼为中心》，《自然科学史研究》2015 年第 1 期。

④ 杜新豪、曾雄生：《经济重心南移浪潮后的回流——以明清江南肥料技术向北方的流动为中心》，《中国农史》2011 年第 3 期；《〈宝坻劝农书〉与明代后期江南农学知识的北传》，《农业考古》2014 年第 6 期。

知识的跨阶层传播，作者本人也将自己长期的学术定位瞄准在这一问题之上。①

　　大约是受到了自然科学史研究所研究取向的影响，不少学者的古农书研究都开始从"传播"角度进行讨论了。颇有意思的是邱志诚的论文，邱氏先在《中国农史》上发表了《宋代农书考论》一文，主要从传统文献学的角度对宋代农书进行了分析，但是该文在随后又被修改成《宋代农书的时空分布及其传播方式》发表在《自然科学史研究》刊物上，而与前者相比，后者正在"传播"之上颇有新见。② 笔者的论文《明代官刻农书与农学知识的传播》则将关注点转换到了明代，并吸收曾、杜二人的研究成果，进一步讨论官方在农书及其农学知识流传中的若干特点。③ 当然，这种仅仅对于"传播方式"的讨论并不能完全等同于"知识史"的研究，例如前揭高国金关于蚕书的论文其实也有提到，但高氏本人却对"知识传播"的概念颇为警惕。可就在高氏转向"蚕桑局"研究之时，2017 年同时诞生了两篇关于清代蚕桑知识的论文。④ 在李富强的论文中，他以清人杨屾所撰的农书《豳风广义》《知本提纲》等为例，讨论了当时农桑知识形成的原因，以及知识的传播与表达；而在李氏与曹玲合作的论文中，他们将视野扩大到整个清代前期，强调"蚕桑实践"之外，"文献编辑"也是蚕桑知识形成的重要手段。笔者认为，这两篇论文的价值并不在曾、杜二人已经有所发明的"农学知识传播"方面，而在于他们有所忽略的"农学知识形成"方面。

　　不过，回到前期韩毅的论文，文中对于"农学知识生产与传播"颇为强调之外，也希冀讨论"不同时期农业知识的内容、种类"，换言之，传统中国是如何定义"农学知识"这一范畴的呢？相关讨论其实在曾雄生的著

---

　　① 杜新豪：《〈便民纂〉与〈便民图纂〉关系考》，《古今农业》2016 年第 3 期。

　　② 邱志诚：《宋代农书考论》，《中国农史》2010 年第 3 期，第 20~34 页；《宋代农书的是时空分布及其传播方式》，《自然科学史研究》2011 年第 1 期。

　　③ 葛小寒：《明代官刻农书与农学知识的传播》，《安徽史学》2018 年第 3 期。

　　④ 李富强：《18 世纪关中地区农桑知识形成与传播研究——以杨屾师徒为中心》，《自然科学史研究》2017 年第 1 期；李富强、曹玲：《清代前期我国蚕桑知识形成与传播研究》，《中国农史》2017 年第 3 期。

作中以"中国农学概念的演变"为题作了一定的阐发，曾氏通过古典书目的分类指出了古代农学概念实际上是不断变动的。① 那么，这一变动是否有一定的线索可寻呢？关于这一问题，也可略微介绍一下笔者不成熟的研究。近年来，笔者一直试图探讨古典书目中的农书分类情况，这样做的目的是把握历史时期"农学知识"范畴的变化。就目前对于唐、宋、明三代的研究来看，古代"农学知识"概念变化的一个重要线索便是官方与私人的矛盾，简言之：在官方的书目中，古农书被限制在一个较小以"农桑"为核心的领域里；而在私人书目中，古农书往往包含了更为广阔的"园艺""茶""饮食"等领域。由此可见，"农学知识"在时间层面是变化的，在空间层面则是多元的。②

以上简要的梳理大体反映了目前农史学界的一些新动向（并不是全部），而这些新动向的特点大概可以归结为以"知识史"为研究取向，由此区别于之前的"科学技术史"与"社会经济史"取向。而且，这种有着"知识史"色彩的论文都有一个共通之处，那就是以具体的文本为研究对象。进而言之，对于"农学知识"的研究来说，这一作为对象的文本便是古农书。那么，如果以上农史研究中的"知识史"取向都够继续进行下去的话，古农书研究势必能重新焕发出活力。就笔者所见，"知识史"带来古农书研究的复苏大概会在以下两个方面发轫：第一，目前"农学知识"研究颇为流行的是对其"传播"的研究，而"农学知识的传播"会在空间上形成地域流动，也会在阶层上实现上下流动，如此便要求我们既挖掘不同地域，甚至不同国家（尤其是东亚）的古农书，也要挖掘那些"非经典的""日常的""大众的"古农书（许多"通书"），由此古农书及其相关文献的整理亟待重新出发；第二，"知识史"研究虽然其对象是"农学知识"，但是并没有（或少有）抽象的、脱离本章的"农学知识"存在，大部分可供

---

① 曾雄生：《中国农学史（修订本）》，福州：福建人民出版社，2012年，第12~18页。
② 相关研究，参见拙文葛小寒：《唐北宋官修书目所见农学观念》，《自然辩证法研究》2016年第2期；《南宋官私书目所见农学观念》，《科学技术哲学研究》2017年第3期；《明代的多元农书观》，《西南大学学报（社会科学版）》2017年第5期。

附
编

研究的"农学知识"都是已经"文本化"了的，也就是古农书，换言之，所谓"知识史"的研究，说到底就是古农书的研究，对于"农学知识"范畴、生产、传播与接受的研究，就是对古农书的范畴、生产、传播与接受的研究。由此可见，"农学知识"的研究不单是农史研究的一个新方向，而且可以极大的促使农史学者重新关注到古农书。当然，这一研究取向才刚刚展开，从事这一方面研究的学者不多，且不少都是相对年轻的学者，在他们的论文中难免存在不足与缺陷。例如有学者质疑笔者的论文混淆了学科分类与书籍分类之间的差异，也有学者质疑这种文本的流传能否真正代表"农学知识的传播"。但是，笔者认为这些批评都是具有建设性的，任何一种学术的进步都离不开不同意见的相互交流。略检前文提到的若干论文，虽然多在"传播"问题上有所讨论，但是都忽略了"农学知识的接受"这一问题。换言之，古农书在各地的传播与刊刻能否实际地深入当地社会中呢？笔者认为，对于此问题的回答是我们深化"农学知识"研究的关键。笔者的建议是，不妨从"阅读史"的领域率先入手解决，因为所谓"农学知识的接受"，其实也正是不同地区的士人或百姓"阅读"古农书的过程，而此过程中形成的"按语""序跋"其实正为我们提供了探讨这一问题的钥匙。

综上所述，作为"历史文献"的古农书在中华人民共和国成立以后得到的有效整理是有目共睹的，随之带来的研究则是以"文献+科学技术史"的研究范式进行的。但是 20 世纪 90 年代后，随着农史学界的"社会经济史"转向，古农书的整理与研究都逐渐边缘化。最近兴起的"农学知识"研究则大有"重回文本""重回古农书"的趋势。诚然，内史与外史的张力或许是作为所谓"科学技术史"的农史研究中所难以解决的问题，而文献整理与历史研究方面的冲突也是我们处理古农书研究中不可回避的难点。不过，"知识史"研究的思路在一定程度上为我们统合内史与外史、文献整理与历史研究方面提供了可能：一方面，技术知识是通过文本（古农书）进行生产与传播的，另一方面，技术知识的生产与传播离不开整个社会经济条件的支撑。当然，笔者并不认为目前存在着发生农史研究的"农学知识"研究转向的可能，它毋宁说是在众声喧哗之中的一席之地。但它对于古农书研究的意义却是重大的，至少从本节的梳理来看，"农学知识"研究十分依赖于传统古农书的挖掘。最后，笔者还想强调的一点是，本章并非对于古农书研究事无巨细地梳理，因此有许多重要的古农书研究成果，笔者并未提及，换言之，本章只有笔者个人对于古农书研究学术史的观察，其中漏误之处谨望方家指正。

附
编

第十章　论古农书的目录

　　自新中国成立以来，历史时期的古农书整理便持续进行着。其中，古农书目录的编纂起到基础性作用，如后人评价王毓瑚的《中国农学书录》"对中国农学遗产的整理有开拓意义"，[①] 又如有学者认为《中国农业古籍目录》"既为查阅和研究古农书提供了方便，也为进一步搜集、整理古农书做了必不可少的基础工作。"[②] 我国古农书目录编纂的历史，在前人论文中屡有介绍。[③] 总体来说，自民国以来，每隔一段时间就会有一种目录或提要诞生，请看表10-1。

表 10-1　中国古农书目录

序号	书名	著者	年代
1	《中国农学书目汇编》	毛邕、万国鼎编著	1924 年
2	《中国农书提要》	陆费执编撰	1927 年
3	《中国古农书联合目录》	北京图书馆主编	1959 年
4	《中国农学书录》	王毓瑚著	1964 年
5	《中国古代农书评介》	石声汉著	1980 年
6	《中国农学遗产文献综录》	犁播编著	1985 年
7	《农业古籍联合目录》	中国农业历史学会等主编	1990 年

---

　　① 王毓瑚：《中国农学书录》，北京：中华书局，2006 年，"出版说明"，第 1 页。

　　② 郝润华、侯富芳编著：《二十世纪以来中国古籍目录提要》，上海：华东师范大学出版社，2012 年，第 203 页。

　　③ 可参见彭世奖：《略论中国古代农书》，《中国农史》1993 年第 2 期；惠富平：《中国传统农书整理综论》，《中国农史》1997 年第 1 期。

序号	书名	著者	年代
8	《中国古农书考》	（日）天野元之助著，彭世奖等译	1992 年
9	《中国农业百科全书·农业历史卷》	中国农业百科全书编辑部编	1995 年
10	《中国农业古籍目录》	张芳、王思明主编	2003 年

除了以上通录中国古农书的书目外，断代性、地域性、专门性的农书目录亦层出不穷。断代性的农书目录主要有王达的《中国明清时期农书总目》，① 邱志诚的《宋代农书考论》，② 等等；地域性的农书目录，除了早年各大图书馆所编纂的农书目录外，③ 还有潘法连对于安徽省农书的编目、④ 张允中的《山西古农书考》，⑤ 以及王华夫对于美日韩三国与台湾地区所藏中国古农书的介绍，⑥ 等等；专门性的农书目录则在茶书、蚕桑书等几个方面有着显著成果，如万国鼎、华德公等对于茶书与蚕桑书目的撰写，⑦ 等等。由于本章不涉及这些专门性农书目录的探讨，故而此处介绍从略。

以上可见，目前为止的古农书目录编纂可谓成果颇丰，这就带来了古农书发现数量的急剧增多。以明清农书的数量为例，在 1964 年王毓瑚先生出版《中国农学书录》时仅发现了 330 种左右，而在最新的《中国农业古籍目录》

---

① 可参考王达在《中国农史》2001 年第 1 期至 2002 年第 2 期中连载的论文《中国明清时期农书总目》，不赘。

② 邱志诚：《宋代农书考论》，《中国农史》2010 年第 3 期。

③ 这里指的是 20 世纪 50 年代，各大图书馆均根据本馆所藏农书进行了编目工作，例如南京图书馆所编的《中国古农林水利书目》，云南省图书馆所编的《中国古代农书目录》，浙江图书馆、湖北图书馆、陕西图书馆等编纂的《馆藏中国古农书目》，等等。

④ 潘法连：《安徽历代农学书录选辑——〈中国农学书录〉拾遗》，《中国农史》1985 年第 2 期；《安徽历代农学书录选辑（续完）——〈中国农学书录〉拾遗》，《中国农史》1985 年第 3 期。

⑤ 张允中：《山西古农书考》，《中国农史》1994 年第 3 期。

⑥ 可参考王华夫在《中国农史》《农业考古》等刊物上发表的《美国收藏中国农业古籍概况》《台湾各大图书馆收藏祖国农业古籍概况》《日本收藏中国农业古籍概况》《韩国收藏中国农业古籍概况》，等等，不赘。

⑦ 万国鼎：《茶书总目提要》，中国农业遗产研究室编：《农业遗产研究集刊》第 2 册，北京：中华书局，1958 年，第 205~240 页；华德公：《中国蚕桑书录》，北京：农业出版社，1990 年。

中，数量激增至 1 540 种。① 尽管如此，笔者以为古农书目录收书数量的增长并不能掩盖其中的问题，正如惠富平所言"现在查缺补漏仍有必要，只是应根据农书特点，掌握基本标准，取舍得当，不纠缠于增补数量之多少。"② 因此，对于农书目录定义与体例的问题就值得反思。就笔者管见，农书目录的"农书"定义是否准确？收书范围是否明晰？正确性能否保证？编写体例又是否需要改进？诸如这般的问题似乎仍是值得再检讨。③ 目前距离最近出版的农书目录也有近十五年了，笔者希冀以下的思考能为下一次农书目录的编纂提供些许建议。

第一节　农书定义问题

尽管以上不少目录并未自称为"农书"目录，但是无论是"农业古籍"，还是"农业遗产"，在一般学者的观念里，这些概念还是基本等同于农书的，如南农大中国农业遗产研究室在编纂《中国农业古籍目录》时，认为"要搜集、整理农业古籍，首先要摸清农书存佚收藏的状况"，④ 又如石声汉先生认为，"农业遗产中，我国传统的旧农书，是一个很显著的项目。"⑤ 不过，作为共识的"农书"在诸家目录中并没有一个明确的概念。大体而言，学界对农书的认识可以分为狭义与广义两个取向。狭义方面以王毓瑚的观点为代表，他认为"农书"乃是"以讲述农业生产技术以及与农业生产直接有关的知识的

---

① 以上数据统计自闵宗殿、李三谋：《明清农书概述》，《古今农业》2004 年第 2 期；闵宗殿：《明清农书待访录》，《中国科技史料》2003 年第 4 期。

② 惠富平：《中国传统农书整理综论》，《中国农史》1997 年第 1 期。

③ 关于古农书目录的编制，梁家勉先生曾有部分建议，如编制《中国古农书总目》《古农书录解题》等等，但是这些建议并针对古农书目录本身进行探讨，故而与笔者本章所言的古农书编纂中的问题并不重复。具体参见梁家勉：《整理出版古农书刍议》，《文献》1983 年第 1 期；另可参见倪根金主编：《梁家勉农史文集》，北京：中国农业出版社，2002 年，第 90~102 页。

④ 张芳、王思明主编：《中国农业古籍目录》，北京：北京图书馆出版社，2003 年，"前言"，第 1 页。

⑤ 石声汉：《石声汉农史论文集》，北京：中华书局，2008 年，第 190 页。

著作"，① 这一认识与石声汉、邱志诚等学者的观点不谋而合。② 然而，从广义方面来看，《中国农业古籍目录》则将"农书"定义为"凡记述中国人民在传统农业生产中所积累的农业知识理论、生产技术经验、农业经营管理及对农业文献的考证校注等方面典籍"，③ 这种认识其实早在《中国农书目录汇编》中便已发端，尔后闵宗殿在撰写《明清农书待访录》时也采取了这一观点。④ 当然，农书目录的编纂在很大程度上是个人行为，因此，存有"一家之言"而造成的不同似乎不可避免。不过，笔者在详细阅读了诸种农书目录之后，发现这种狭义与广义的农书认识其实都有两个相同的源头。

第一，农书目录对于"农书"的认识均是在近现代西方农业科学的视域下去理解的。这一点在个人撰著的农书目录中颇为明显，如毛邕、万国鼎便有言"是编分类根据最新农学及旧时农书所分之门类种别"，⑤ 而王毓瑚也认为他对于农书的定义"多少总是把范围规定得比较相当于现代农业科学的领域了"。⑥

第二，农书编目的初衷，基本是为了现今农业生产技术发展的需要。这一点尤其体现在新中国成立后各大图书馆馆藏农书目录的编纂，如浙江省图书馆的目的是"以应本省农业生产技术研究需要"，安徽省图书馆的目的则是"为响应向科学大进军的号召"，四川省图书馆的目的仍是"以加强对当前农业生

① 王毓瑚：《中国农学书录》，北京：中华书局，2006 年"凡例"，第 1 页。

② 如石声汉先生认为："专谈农业生产，或至少以农业生产为主题的，才是农书。"具体参见石声汉：《石声汉农史论文集》，北京：中华书局，2008 年，第 331 页。邱志诚则在其论文中直接参考了王氏的著作，认为不符合王氏定义的则"不视为农书"，具体参见邱志诚：《宋代农书考论》，《中国农史》2010 年第 3 期。

③ 张芳、王思明主编：《中国农业古籍目录》，北京：北京图书馆出版社，2003 年，"编辑说明"，第 1 页。

④ 《中国农书目录汇编》虽未有直接探讨"农书"的定义，但是从其分类体系仍可见其对于"农书"的认识乃是持一种宽泛的态度，具体可参见表 10-2。另见闵宗殿：《明清农书待访录》，《中国科技史料》2003 年第 4 期。

⑤ 毛邕、万国鼎主编：《中国农书目录汇编》，南京：金陵大学图书馆，1924 年，"例言"，第 2 页。

⑥ 王毓瑚：《中国农学书录》，第 351 页。

附

编

产的指导"。①

由此可见，以上两种原因造成了农书目录的编纂乃是为今人服务的，甚至不是为今人的史学研究服务，而是为了农业科学研究服务。因此，这些农书目录的编纂均是以今人认识去"格式"古人的"农书"，那么，无论是狭义还是广义的农书定义，均不是"中国古农书"的定义，而是以西方农学概念与今人实际需要为参照的定义。② 换言之，目前的种种农书目录与其说是我们理解古代农学知识的钥匙，不如说是近现代学者观察农史时所戴的有色眼镜，它们不仅不能反映（至少不能完全反映）中国古代农学的实际景象，反而在一定程度上构成了对待古人"理解之同情"的障碍。推而论之，诸种农书目录对于"农书"认识的冲突，并不能归因于不同学者的一家之言，而是在一种相同的现代思维下，观察古代农书所造成的知识理解的混乱。③

实际上，古农书已经难以指导农业生产活动，因此，古农书目录的编纂当进行范式转型，从农学参考转向史学研究。那么，以后的农书目录编纂应当从中国自有的农学发展路径上去思考古人的农书观。有关这一点，笔者曾研究过唐宋及明代的农书观，觉得有两点认识值得提出参考：第一，古人的对于农书的认识是富于变化的，这一点，惠富平曾敏锐指出历史上农书的内容似乎有"农家书""农事书""农学书"这三种变化④，而笔者的研究也发现唐宋时期时人对于农书的认识呈现出两次变化；第二，同一时期不同群体的

---

① 相关内容参见浙江图书馆编：《浙江图书馆馆藏古农书目录》，杭州：浙江图书馆油印本，1963 年，"前言"，无页码；安徽省图书馆编：《安徽省图书馆馆藏中国古农书书目》，合肥：安徽省图书馆油印本，1956 年，"说明"，无页码；四川省图书馆编：《四川省图书馆馆藏中国古农书目录》，成都：四川省图书馆油印本，1956 年，"编制说明"，无页码。

② 这种思维框架其实在中国"科学"史研究中颇为流行，如唐晓峰曾批评中国古代地理学研究："……只是在不少系统考察中国古代地理学史的著述中，未能注重古代地理学的原本体系，而仅仅以今天的地理学框架去格式古代地理学的内容，力图写出一部与今天地理学体系接轨、有现代深度的古代地理学史。这种体系好处是借用现代目光，在某些地方可以发古人之未发，有所创见，但弊处是写出来的古代地理学已非古代的原貌。"具体参见唐晓峰：《人文地理学随笔》，北京：生活·读书·新知三联书店，2005 年，第 257 页。

③ 傅荣贤：《近代书目分类对中国人的知识观念和知识结构的能动性建构》，《图书情报知识》2014 年第 6 期。

④ 惠富平、牛文智：《中国农书概说》，西安：西安地图出版社，1999 年，第 1~7 页。

农书观亦是不同的，例如在明代，官方与民间、一般士人与农书作者间对于农书的认识便有不小的差异。由此可见，古人的农书观是多元且富有变化的，如何把握这种多元与变化中形成的具有中国特色的农书观念，应是当前农史研究者所思考的问题。对此，笔者提出的建议是，对于断代性农书目录而言，应该首先思考那个时代的农书观，而对于综录古农书的目录而言，需要求得不同时代农书观的"最大公约数"，方是古农书目录编纂的依据。总体而言，笔者更为倾向于那种广义的农书观，正如曾雄生所言："古代的农学范畴要比今天宽泛得多。"①

第二节　收书范围问题

如前节所述，由于农书定义有狭义与广义之分，当前诸种农书目录的收书范围便不尽相同，而"书之有部类，犹兵之有师旅也"，② 对于分类问题的讨论直接关系到书籍的收纳与否。因此，下文以《中国农学书录》与《中国古农书联合目录》为狭义农书分类的代表，以《中国农书目录汇编》与《中国农业古籍目录》为广义农书分类的代表，试作表格加以说明（表10-2）。

表10-2　若干农书目录分类表③

书名	分类体系
《中国古农书联合目录》	农业通论、时令、土壤耕作灌溉、农具、治蝗、作物、蚕桑、园艺、蔬菜、果木、花卉、畜牧兽医、水产。
《中国农学书录》	农业通论、农业气象占候、耕作农田水利、农具、大田作物、竹木茶、虫害防治、园艺通论、蔬菜及野菜、果树、花卉、蚕桑、畜牧兽医、水产。

① 曾雄生：《中国农学史（修订本）》，福州：福建人民出版社，2008年，第18页。

② 余嘉锡：《目录学发微　古书通例》，上海：上海古籍出版社，2013年，第112页。

③ 相关内容参见毛邕、万国鼎主编：《中国农书目录汇编》，"目录"，第1~2页；北京图书馆主编：《中国古农书联合目录》，全国图书联合目录编辑组，1959年，"目次"，第1页；王毓瑚：《中国农学书录》，第303~322页；张芳、王思明主编：《中国农业古籍目录》，"目录"，第1页。

（续表）

书名	分类体系
《中国农书目录汇编》	总记类、时令类、占候类、农具类、水利类、灾荒类、名物诠释类、博物类、物产类、作物类、茶类、园艺类、森林类、畜牧类、蚕桑类、水产类、农产制造类、农业经济类、家庭经济类、杂论类、杂类。
《中国农业古籍目录》	综合性、时令占候、农田水利、农具、土壤耕作、大田作物、园艺作物、竹木茶、植物保护、畜牧兽医、蚕桑、水产、食品与加工、物产、农政农经、救荒赈灾、其他。

以上可见，至少从类目上来看，农政农经、荒政、食品加工这 3 类书籍是否属于农书乃是诸家书目的基本分歧点，如《中国古农书联合目录》直言该目录所收不包括"农政、田制、屯垦"，"赈灾"则只收录"捕蝗与野菜"，① 相反，这些内容却为《中国农业古籍目录》所著录，如其介绍"农政农经"小类时写道："内容包括劝农政策、农业管理、田制、赋税、差徭、仓储等。"② 除此之外，不同书目对相同类目的认识也不尽相同，如畜牧兽医类，《中国古农书联合目录》认为："畜牧兽医不包括马政"，③ 但是在《中国农书目录汇编》中却包含着这些内容（如明人杨时乔所撰的《马政纪》）；④ 又如农田水利类，《中国农学书录》认为"一般讲究水利规划的著作，涉及范围过大，不予收录，只收其以水利田的开设为对象者。"⑤ 而《中国农业古籍目录》却认为："凡记载农业水利议论和规划，或记载兴修工程设施，以调节和改变农田水分状况和地区水利条件，以利农业生产的书籍均予收录。"⑥ 因此，由于农书定义的差别，不同目录所收的农书亦有出入。然而，正如农书的定义一般，诸种书目收书类别的界限亦是站在今人的认识上去探讨的。从这个意义上说，狭义的农书与广义的农书并没有区别。

---

① 北京图书馆主编：《中国古农书联合目录》，"说明"，第 2 页。
② 张芳、王思明主编：《中国农业古籍目录》，"编辑说明"，第 2 页。
③ 北京图书馆主编：《中国古农书联合目录》，"说明"，第 2 页。
④ 毛邕、万国鼎主编：《中国农书目录汇编》，第 160 页。
⑤ 王毓瑚：《中国农学书录》，"凡例"，第 1 页。
⑥ 张芳、王思明主编：《中国农业古籍目录》，"编辑说明"，第 1 页。

首先来看狭义的农书分类。如上文所言，这类农书目录基本不收农政农经、荒政、食品加工方面的古籍，但是这些古籍真的在历史时期没有被古人视作农书吗？明代直接以"农书"为名的书籍并不多，但有一本便是《农书阅古篇》（又名《泽谷农书》），其中内容却大体是以农政、农经、荒政的介绍为主，这从该书目录上便可看出，如："古授田法""中世防饥""中制什一"，等等。① 由此可见，至少在明代，这些涉及农政农经与荒政的书籍是可以被视作农书的。至于食品加工方面的书籍，在明人的书目中大多皆被视为农书，如《百川书志》"农家类"收录了《本心斋蔬食谱》，《徐氏家藏书目》"农圃类"收录了《易牙遗意》，《澹生堂藏书目》收录了《食时五观》，等等。② 因此，狭义的农书定义造成了收书范围的过窄，不能反映古代农书的全貌。

其次来探讨广义的农书分类。同样参见表 10-2，这种分类几乎将古代涉及农业方面的所有书籍都纳入著录的范畴，但是在很多方面，古人却未必将某些古籍视为"农书"。例如《中国农书目录汇编》设立了"博物类"，其中所收的很多书籍实在难以"农书"目之，像是记录"神异"之事的《十洲记》与《山海经》，属于笔记小说的《西京杂记》与《北户录》，等等，③ 这些书中或许部分涉及农学，但是从我国书籍分类体系来看，它们均非农书。另一方面，在一些可以算作农书的小类中，广义分类下的目录也存在着过度收书的情况，例如"农田水利"类古籍，至少在明清时期可部分纳入"农家"的范畴，像是《四库全书总目》便将《泰西水法》收入"农家类"中。④ 但是，在《中国农业古籍目录》中，"农田水利"方面的收书却大大脱离了"农田"，而收录了很多涉及海塘、运河、海道方面的书籍，如《两浙海塘通志》《河防

---

① （明）施大经：《农书阅古篇》卷一，南京图书馆藏明刻本。

② 以上参见（明）高儒：《百川书志》卷十，《续修四库全书》第 919 册，上海：上海古籍出版社，2002 年，第 382 页；（明）徐（火勃）：《徐氏家藏书目》卷三，《续修四库全书》第 919 册，上海：上海古籍出版社，2002 年，第 184 页；（明）祁承㸁：《澹生堂藏书目》，《续修四库全书》第 919 册，上海：上海古籍出版社，2002 年，第 649 页。

③ 毛邕、万国鼎主编：《中国农书目录汇编》，第 63~101 页。

④ （清）永瑢等：《四库全书总目》卷一百二，《景印文渊阁四库全书》第 3 册，台北：商务印书馆，1986 年，第 192 页。

刍议》《海道经》，等等。① 如此可见，广义的农书定义又造成了收书范围的过宽，同样难以反映古代农书的真实面貌。

综上所述，无论是狭义还是广义的农书分类皆与古人实际的农书认识颇有差异。回到第一节提出的问题，只有在解决好农书定义的基础上，才可进一步思考农书的分类问题。但是笔者并不建议完全参考中国古典目录的分类体系，原因有二：第一，古典目录中的"农家类"并不能完全等同于时人对于农书的认识，例如，在书目中，岁时类的书籍会另置于史部之下，但是在明代人的思维世界里，岁时书几乎可以等同于农书，常有诗句将农书的功能限定在"占岁"之上，正如"农书占岁稔，荠菜见初春"；② 第二，古典目录中的"农家类"之下基本没有二级目录，这就为农书的分类带来了困扰，笔者基本过眼了现存的明代书目，其中仅有《澹生堂藏书目》在"农家"之下另设二级目录5种："民务、时序、杂事、树艺、牧养"，③ 且其中书籍著录仍颇为杂乱。因此，笔者的意见是，农书目录的分类大可参考现今各家的观点，只是在农书的定义上，秉持"中国本位"即可，简言之，农书目录的定义与分类，应该做到"中学为体，西学为用"。

第三节　错误订正问题

由于受到时间、空间的限制，无论哪一种书目的编纂都不可能尽善尽美。即便举全国之力编纂的《四库全书总目》与《中国古籍总目》，所需订正的地方亦不可谓不少。④ 古农书目录亦是如此，无论是作为"经典"的《中国农学书录》，还是最新的《中国农业古籍目录》，其中值得修正的地方仍很可观。

---

① 张芳、王思明主编：《中国农业古籍目录》，第33~54页。

② （明）胡俨：《颐庵文选》卷下，《景印文渊阁四库全书》第1237册，台北：商务印书馆，1986年，第639页。

③ （明）祁承㸁：《澹生堂藏书目》，第648页。

④ 《四库全书总目》的订正可集中参考余嘉锡先生的《四库提要辨正》，至于《中国古籍总目》，则知网上相关论文颇多，不再赘述。

就前者而言，潘法连、杨宝霖、冯秋季、邱志诚都有相关论文对该书值得商榷之处进行订补；① 就后者而言，学界目前的订正尚不多，仅见肖克之与何灿有较为集中的讨论，以及倪根金的札记若干。② 然而，这并不是说《中国农业古籍目录》已经完善了。相反，正如肖克之指出的那样，《中国农业古籍目录》在很多条目上所犯的错误，其实已经有前人订正了。③ 因此，全面吸收学界研究成果与尽量避免较为明显的错误，乃是今后修撰农书目录时所需注意的问题。前者暂且不论，就后者而言，需要进一步探讨的是，农书目录的编纂有着哪些容易出错的地方呢？由于农书目录亦是古籍目录的一种，其中问题仍不外是书名、著者、版本等等的错录，④ 这些方面在前揭学者的论文中已有涉及，本章不再赘述，但是农书目录具有专门性，其中容易出错之处又与一般的古籍目录略有不同，笔者将在下文以《中国农业古籍目录》所录明代农书的错误为例，指出农书目录中易错之处。

第一，不应仅凭书名误录为农书。这一点，前揭倪根金的相关札记已有探讨，除此之外，尚有不少这样的例子。如该目录 0108 条所录张定撰《在田录》，按：笔者见《丛书集成初编》所录《在田录》，与农事全然无关，乃是

---

① 相关研究参见潘法连：《读〈中国农学书录〉札记五则》，《中国农书》1984 年第 1 期；《读〈中国农学书录〉札记八则》，《中国农史》1988 年第 1 期；《读〈中国农学书录〉札记之三》，《中国农史》1989 年第 4 期；《读〈中国农学书录〉札记之四》，《中国农史》1990 年第 3 期；《读〈中国农学书录〉札记之五》，《中国农史》1992 年第 1 期。另见杨宝霖：《灯窗琐语（读农书札记四则）》，《农业考古》1986 年第 1 期；《关于〈读《中国农学书录》札记〉中一些问题与潘法连先生商榷》，《中国农史》1992 年第 4 期；以及冯秋季：《〈中国农学书录〉补正六则》，《中国农史》1995 年第 4 期；邱志诚：《〈中国农学书录〉新札》，《中国农史》2010 年第 1 期。

② 肖克之：《农业古籍版本丛谈》，北京：中国农业出版社，2007 年，第 198~200 页；何灿：《〈中国农业古籍目录〉补正》，《农业图书情报学刊》2012 年第 11 期；倪根金：《〈中国农业古籍目录〉误收宋代洪刍〈老圃集〉》，《古今农业》2016 年第 3 期；《〈种李园诗话〉非农书而是诗文评类著作》，《古今农业》2016 年第 3 期；《〈蚕桑辑要略编〉与编者徐赓熙》，《古今农业》2016 年第 4 期。

③ 肖克之：《农业古籍版本丛谈》，第 199 页。

④ 崔建英：《古籍著录琐见》，《崔建英版本目录学文集》，南京：凤凰出版社，2012 年，第 155~165 页。

杂记元末明初与洪武帝相关诸事,① 因此, 诸家书目皆将此书录于"史部"条目下;② 又如 0109 条所录李贤撰《古穰杂录》, 按: 笔者见《丛书集成初编》所录《古穰杂录》, 该书与前揭《在田录》性质相仿, 乃是杂录明朝史实之书, 与农无关, 故不应著录, 具体可参阅原书, 不再赘述;③ 再如 2402 条所录潘之恒撰《叶子谱》, 按: 笔者查《说郛续》中所录潘之恒所撰《叶子谱》, 发现该书乃是记录民间游戏小物, 与农事无关, 至于何以取名为《叶子谱》, 潘氏自云:"叶子, 古贝叶之遗制。前人削桐、书柿、题枫、佩兰, 皆取诸叶, 此简策之所昉也, 物各有品, 虽小技, 必有可观, 作《叶子谱》",④ 此亦足见该书立意、内容与农无关。

第二, 存佚判断需要谨慎。一般而言, 古籍的存佚颇易判断, 毕竟存即存, 佚即佚, 但是由于农书目录除在 20 世纪 50 年代由官方出面整理过以外, 大部分均为私人或合作撰修, 其对于馆藏情况的认识往往过于模糊。像是《中国农业古籍目录》0084 条所录温纯撰《齐民要书》, 该目认为此书存于"《四库全书·别集类》(温恭毅公集)本", 按: 笔者查文渊阁《四库全书》第 1288 册《温恭毅集》, 未见有《齐民要书》著录, 但见卷十五有文题名《刻齐民要书引》, 所谓《齐民要书》存于《温恭毅集》, 不过仅此一篇"引文"而已;⑤ 再像是 0119 条所录陈时道的《桑阴农话》, 该目认为此书存于"《中国农史》1994 年第 3 期第 113 页", 按: 笔者按图索骥, 发现该书在张允中所撰《山西古农书考》一文中有提到, 但并非全文收录, 而仅仅是提到山西地区有过一部叫作《桑阴农话》的书。而且, 张允中在著录山西古农书时, 清楚地写道:"本章以著作为纲, 并对其作者及其已知的收藏单位作一简要介

① (明)张定:《在田录》,《丛书集成初编》第 2820 册, 北京: 中华书局, 1991 年。

② 如《澹生堂藏书目》便将其列在"国史类"下, 具体参见(明)祁承爜:《澹生堂藏书目》,《续修四库全书》第 919 册, 第 586 页。

③ (明)李贤:《古穰杂录》,《丛书集成初编》第 3962 册, 北京: 中华书局, 1985 年。

④ (明)潘之恒:《叶子谱》,《说郛续》卷三十九,《说郛三种》第 10 册, 上海: 上海古籍出版社, 2012 年, 第 1834 页。

⑤ (明)温纯:《温恭毅集》卷十五《刻齐民要书引》,《景印文渊阁四库全书》第 1288 册, 台北: 商务印书馆, 1986 年, 第 671 页。

绍，凡未注明者，均待进一步查明、发掘和考证。"① 但是其对《桑阴农话》的著录却未有提到收藏单位，因此该书是否尚存，张文中并未给出明确答案，就笔者所查阅各大图书馆的目录来看，并未见到该书著录，因此，笔者以为该书或已佚失。

第三，作者著录应求准确与完整。《中国农业古籍目录》的编纂在很大程度上太过依赖先前的研究成果，这就会造成在转录过程中的缺失，这一点在作者问题上颇为明显。一方面是作者姓名的缺失，另一方面则是部分书籍作者的缺失，以下各举一例：如该目 0114 条所录金敏忠撰《御世仁风》，按：笔者在《传世楼书目》中查阅到该书为四卷本，且作者题为"金忠"，而非"金敏忠"，② 另一方面，笔者在南京图书馆见该馆所藏《御世仁风》亦题作者为"金忠"，至于孰是孰非，笔者在光绪《顺天府志》中查到确有名"金忠"者，且其传记显示《御世仁风》正是他的作品："金忠，字敏恕，固安人，万历六年选入，历升文书房太监，博学能书善琴，自称迂拙子，守备凤阳时，曾著《御世仁风》一书刻之。"如此看来，《目录》所谓撰者"金敏忠"，实际上应改为"金忠"；③ 再如 0268 条所录冯应京撰《月令广义》，按：关于该书的作者，《四库全书总目》以为："明冯应京撰，戴任续成之"，④ 也就是说，该书的撰者不应只题"冯应京"，而应该加上"戴任"，就笔者所见明万历刻本《月令广义》每一卷卷首皆有"盱眙冯应京纂辑，新安戴任增释"，⑤ 因此，当知《总目》所言"应京原书只一卷，此本皆任所增加"不虚。

以上 3 点为笔者所见《中国农业古籍目录》中最为常见的问题，因此，这些问题也该成为以后新修农书目录所应避免的。

① 张允中：《山西古农书考》，《中国农史》1994 年第 3 期。
② （清）徐乾学：《传世楼书目》卷三，《续修四库全书》第 920 册，上海：上海古籍出版社，2002 年，第 740 页。
③ （清）周家楣等修，（清）张之洞等纂：《（光绪）顺天府志》卷一百五《人物志》，《续修四库全书》第 686 册，上海：上海古籍出版社，2002 年，第 149 页。
④ （清）永瑢等：《四库全书总目》卷六十七，第 447~448 页。
⑤ （明）冯应京辑，（明）戴任增释：《月令广义》卷一，《四库全书存目丛书》史部第 164 册，济南：齐鲁书社，1996 年，第 548 页。

第四节　著录体例问题

从严格意义上来说，所谓"目录"，乃是指书目与提要的结合，如黄永年先生有言："'目'者，本来只指罗列的篇名、章节或书名。至于'录'，是指该篇、该章、该书的内容提要。完整地说，要有书名、篇章名并有其内容提要，才可以叫'目录'。"① 也就是说，当前的农书目录实际上只能称为"目"或"录"，而非"目录"。其中可称为"目"者，如《中国农书目录汇编》《中国古农书联合目录》与《中国农业古籍目录》，它们的著录规则基本与一般的古籍目录相同，大体按照书名、卷数、著者、版本、馆藏地的顺序进行着。另可称为"录"者，如《中国农学书录》《中国古代农书评介》《中国古农书考》，这些提要的撰写侧重则各有不同，《中国农学书录》注重于对农书内容的记载，而《中国古农书考》则以版本考辨为中心。② 以上农书目录的"目""录"分离，除了为查阅造成一定的困难外，还不利于"目"与"录"之间研究成果的相互吸收，如上文所举《中国农业古籍目录》中的若干问题，其实部分在《中国农学书录》中已有指出，而提要类目录对于版本及其馆藏地的介绍则往往不如非提要类目录全面。因此，如何在"目"与"录"之间寻求平衡，便是下一阶段古农书目录的编纂所需思考的问题。这种"平衡"不应是"目"与"录"的简单叠加，而是进一步考虑如何在这些成果上进行一定程度的体例创新，以求不与前人相重复。对此，笔者有以下3点思考，可供参考：

首先，随着《中国古籍总目》与《中国农业古籍目录》的出版，"目"方面的著录已经很全面了，尤其是版本与馆藏地的介绍，虽仍不排除有些许遗漏，但是似乎已无继续著录的必要。然而，目前的农书目录仍有几项笔者觉得

---

① 黄永年：《古文献学讲义》，上海：中西书局，2014年，第3页。

② 正如天野元之助在自撰"凡例"中所言："王氏的解题，确是花了多年时间的优秀著作。我尽量避免与它重复，而着重于王氏未涉及的版本的研究。"具体参见（日）天野元之助著，彭世奖、林广信译：《中国古农书考》，北京：农业出版社，1992年，"凡例"，第1页。

值得著录却未著录之处，请看：第一，影印本，在农书的实际使用过程中，除了点校本之外，最为常见的便是影印本，因此，在农书目录的编纂中应另加入影印本的著录；第二，点校本，在以往的农书目录中倒是著录了部分点校本，但是它们与原书却分条而列，未能形成有效整合，且遗漏颇多，不能提供有效的参考；第三，电子/网络资源，随着技术手段的发展，目前电子/网络资源发展迅速，如"中国基本古籍库""中华古籍资源库"以及各大图书馆自建的古籍数据库等，其中都存有不少的农书，如何将这些资源整合进新的农书目录中，笔者仍在思考，这里姑且提出，不多做说明。以上可见，为了避免重复劳动，新的农书目录可删去版本与馆藏地的著录，而加入影印本、点校本、电子资源的著录，以此达到切合实用的效果。

其次，从"录"方面来说，前有古典目录（如《四库全书总目提要》），后有王毓瑚、石声汉、天野元之助等大家，同样亦无必要重新撰写提要，尤其是一些常见的"经典性"农书（如《齐民要术》，这方面前人的介绍已属完备。但是，这也不是说新的农书目录就可以放弃对所录农书的说明，笔者以为新的说明可集中于以下三个领域：第一，随着农书挖掘的深入，不少稀见农书出现，而这些农书，前人的提要尚未涉及，故后人可以进一步撰写；第二，如前节所录，即便是大家的提要，亦会有些许缺失，故后人的新目录可以通过按语的形式将订正之处指出，而不必完全照抄前人提要；第三，如前注所揭天野氏所论，前人的提要很大程度上在比较版本之优劣，但是对于前人未曾关注的影印本、点校本之优劣，尚未有专论，故而下一步提要的书写可讨论这些问题。因此，笔者建议，新的农书目录可以将提要改为按语，对于那些常见的农书，可直接著录而不多赘言，对于稀见的农书或前人有误之处则以按语的形式进行说明。

最后，随着网络的迅速发展，各种古籍目录的在线检索层出不穷，如《中国古籍总目》就有日本学者所制作的网络检索系统，而台湾学者则有制作中国地方志方面的目录系统，等等。这些在线目录的出现，为学者们的研究提供了极大的便利，因此，目录检索的网络化似乎不可避免。因此，笔者建议在下一轮农书目录编纂的同时，进一步制作具有网络检索功能的"中国农书检索目录", 以此嘉惠学林。

综上所述, 笔者以为, 尽管古农书目录的编纂已经过去了九十余年的历史, 而且通过前辈学人的努力, 取得了很大成绩, 但是, 其中依然存在着相当的问题。具体而言, 农书定义、收书范围、错误订正、著录体例等问题均需要重新的思考。通过本章的研究, 不难发现这些问题在一定程度上制约着农书目录与农史研究的进一步完善与深化。回顾全文, 笔者针对这些问题的建议, 可作如下概括:

农书目录的编纂应当首先考虑"农书"的定义问题, 而这种考量不应该以西方/现代的农学理论为参照, 而应该从中国自有的农学认识出发来定义"农书"。因此, 收书范围的分类也应该以这种"农书"认识来约束, 不过可以酌情参考现代农学分类来进行二级类目的划分。同时, 在资源不断扩大的今天, 农书目录的编纂完全可以全面吸收学界的成果, 减少错误。最后, 新的农书目录没有必要重新走旧录的模式, 可在一定程度上进行著录体例的创新, 力求不重复工作。

总之, 农书目录是我们"打开我国农学遗产宝库的钥匙", [1] 继续完善和修订目录, 后世学者也当责无旁贷。

---

① 王永厚:《打开我国农学遗产宝库的钥匙——喜读〈中国农业古籍目录〉》,《中国农史》2003 年第 4 期。

参考文献

安徽省图书馆，1956. 安徽省图书馆馆藏中国古农书书目［M］. 合肥：安徽省图书馆
　　油印本.

白馥兰，2017. 技术·性别·历史——重新审视帝制中国的大转型［M］. 吴秀杰，白
　　岚玲，译. 南京：江苏人民出版社.

白化文，2012. 读《墨娥小录》［J］. 文史知识（5）.

白金，2014. 北宋目录学研究［M］. 北京：人民出版社.

班固，1962. 汉书［M］. 北京：中华书局.

北京农业大学图书馆，1956. 北京农业大学图书馆藏中国古农书目录［M］. 北京：北
　　京农业大学图书馆.

北京图书馆，1959. 中国古农书联合目录［M］. 北京：全国图书联合目录编辑组.

晁公武，1978. 郡斋读书志［M］.《书目类编》第69-70册，台北：成文出版社.

晁瑮，1996. 晁氏宝文堂书目［M］.《四库全书存目丛书》史部第277册，济南：齐鲁
　　书社.

陈宝良，2013. 雅俗兼备：明代士大夫的生活观念［J］. 社会科学辑刊（2）.

陈宝良，2017. 明代地方官面对国计民生的矛盾心态及其施政实践［J］安徽史学
　　（2）.

陈揆，赵士炜辑，1978. 中兴馆阁书目［M］.《书目类编》第2册，台北：成文出
　　版社.

陈振孙，1986. 直斋书录解题［M］.《景印文渊阁四库全书》第674册，台北：商务印
　　书馆.

陈子龙，2002. 安雅堂稿［M］.《续修四库全书》第1388册，上海：上海古籍出版社.

陈祖槼，1958. 中国农学遗产选集［M］. 北京：中华书局.

程羽文，2012. 花小名 [M].《说郛三种》第 10 册，上海：上海古籍出版社.

褚孝泉，1996. 中国传统学术的知识形态 [J]. 中国文化研究（冬之卷）.

崔富章，1990. 四库提要补正 [M]. 杭州：杭州大学出版社.

崔建英，2012. 崔建英版本目录学文集 [M]. 南京：凤凰出版社.

大司农司编撰，缪启愉校释，1988. 元刻农桑辑要校释 [M]. 北京：农业出版社.

大司农司编撰，石声汉校注，2014. 农桑辑要校注 [M]. 北京：中华书局.

戴埴，1985. 鼠璞 [M].《丛书集成新编》第 12 册，台北：新文丰出版社.

董纪，1986. 西郊笑端集 [M].《景印文渊阁四库全书》第 1231 册，台北：商务印书馆.

杜新豪，2014.《宝坻劝农书》与明代后期江南农学知识的北传 [J]. 农业考古（6）.

杜新豪，2014. 明清畿辅地区水稻种植中环境与技术的颉颃 [J]. 古今农业（2）.

杜新豪，2015. 晚明的"农业炼丹术"——以徐光启著述中"粪丹"为中心 [J]. 自然辩证法通讯（6）.

杜新豪，2016.《便民纂》与《便民图纂》关系考 [J]. 古今农业（3）.

杜新豪，2017. 惜粪如惜金：宋代以降农民对肥料的获取 [J]. 史林（2）.

杜新豪，2018. 金汁：中国传统肥料知识与技术实践研究 [M]. 北京：中国农业科学技术出版社.

杜新豪，游修龄，2011. 农史学家游修龄教授访谈录 [J]. 农业考古（1）.

杜新豪，曾雄生，2011. 经济重心南移浪潮后的回流——以明清江南肥料技术向北方的流动为中心 [J]. 中国农史（3）.

方健，2015. 中国茶书全集校正 [M]. 郑州：中州古籍出版社.

冯惠民，李万健，1993. 明代书目题跋丛刊 [M]. 北京：书目文献出版社.

冯秋季，1995.《中国农学书录》补正六则 [J]. 中国农史（4）.

冯应京辑，戴任增释，1996. 月令广义 [M].《四库全书存目丛书》史部第 164 册，济南：齐鲁书社.

冯曾修，李汛纂，1981. 九江府志 [M].《天一阁藏明代方志选刊》第 36 册，上海：上海古籍书店.

复旦大学历史系，复旦大学中外现代化进程研究中心，2015. 近代中国的物质文化 [M]. 上海：上海古籍出版社.

傅荣贤，2014. 近代书目分类对中国人的知识观念和知识结构的能动性建构 [J]. 图书情报知识（6）.

傅与砺著，杨匡和校注，2015. 傅与砺诗集校注［M］. 昆明：云南大学出版社.

高国金，2013. 同光之际劝课蚕书的撰刊与流传［J］. 中国农史（4）.

高国金，曾京京，卢勇，2010. 道光至光绪年间农书创作高潮现象分析——以蚕桑著作为例［J］. 古今农业（3）.

葛小寒，2018. 明代官刻农书与农学知识的传播［J］. 安徽史学（3）.

葛兆光，2013. 中国思想史［M］. 上海：复旦大学出版社.

龚延明，2016. 天一阁藏明代科举录选刊［M］. 宁波：宁波出版社.

顾宏义，2017. 宋元谱录丛编［M］. 上海：上海书店出版社.

顾璘，1986. 山中集［M］.《景印文渊阁四库全书》第 1263 册，台北：商务印书馆.

顾清，1990. 松江府志［M］.《天一阁藏明代方志选刊续编》第 5 册，上海：上海书店.

顾廷龙，2002. 顾廷龙文集［M］. 上海：上海科学技术文献出版社.

顾炎武撰，华东师范大学古籍研究所整理，2011. 亭林诗文集［M］.《顾炎武全集》第 21 册，上海：上海古籍出版社.

顾瑛撰，杨镰整理，2008. 玉山璞稿［M］. 北京：中华书局.

归有光，2015. 归震川先生未刻集［M］.《归有光全集》第 8 册，上海：上海人民出版社.

归有光撰，周本淳校点，2007. 震川先生集［M］. 上海：上海古籍出版社.

郭文韬，严火其，2001. 贾思勰、王祯评传［M］. 南京：南京大学出版社.

郭正谊，1978. 明代《墨娥小录》一书中的化学知识［J］. 化学通报（4）.

郭正谊，1979.《墨娥小录》辑录考略［J］. 文物（8）.

过庭训，2002. 本朝分省人物考［M］.《续修四库全书》第 533 册，上海：上海古籍出版社.

韩鄂原编，缪启愉校释，1981. 四时纂要校释［M］. 北京：农业出版社.

韩毅，2008. 边界与接点：中国传统科技与社会的多元交汇——德国马普科学史研究所-中国科学院自然科学史研究所伙伴小组成立暨国际学术研讨会综述［J］. 自然科学史研究（2）.

郝润华，2006.《郡斋读书志》的分类及其与《崇文总目》的关系［J］. 史林（5）.

郝润华，侯富芳，2012. 二十世纪以来中国古籍目录提要［M］. 上海：华东师范大学出版社.

何灿, 2012. 《中国农业古籍目录》补正 [J]. 农业图书情报学刊 (11).

何建新, 2007. 从引证分析看中国农史研究 [J]. 中国农史 (2).

何乔远撰, 张德信等点校, 2010. 名山藏 [M]. 福州：福建人民出版社.

胡道静, 1980. 十七世纪的一颗农业百科明珠：《农政全书》[J]. 辞书研究 (4).

胡道静, 1982. 秘籍之精英 农史之新证——述上海图书馆藏元刊大字本《农桑辑要》
[J]. 图书馆杂志 (1).

胡道静, 1983. 徐光启农学三书题记 [J]. 中国农史 (3).

胡道静著, 虞信棠, 金良年编, 2011. 胡道静文集·农史论集, 古农书辑录 [M]. 上
海：上海人民出版社.

胡古愚, 2002. 树艺篇 [M]. 《续修四库全书》第 977 册, 上海：上海古籍出版社.

胡寄窗, 1963. 中国经济思想史 [M]. 上海：上海人民出版社.

胡俨, 1986. 颐庵文选 [M]. 《景印文渊阁四库全书》第 1237 册, 台北：商务印书馆.

华德公, 1990. 中国蚕桑书录 [M]. 北京：农业出版社.

华南农学院农业历史遗产研究室, 1982. 农史研究 [M]. 北京：农业出版社.

黄丕烈撰, 余鸣鸿, 占旭东点校, 2015. 黄丕烈藏书题跋集 [M]. 上海：上海古籍出
版社.

黄省曾, 1994. 农圃四书 [M]. 《中国科学技术典籍通汇》农学卷第 2 册, 开封：河
南教育出版社.

黄省曾, 1994. 五岳山人集 [M]. 《四库全书存目丛书》集部第 94 册, 济南：齐鲁
书社.

黄淑美, 1981. 华南农学院农业历史遗产研究室简介 [J]. 农业考古 (2).

黄雯, 2003. 中国古代花卉文献研究 [D]. 杨凌：西北农林科技大学.

黄永年, 2014. 古文献学讲义 [M]. 上海：中西书局.

惠富平, 1997. 中国传统农书整理综论 [J]. 中国农史 (1).

惠富平, 2003. 二十世纪中国农书研究综述 [J]. 中国农史 (1).

惠富平, 2010. 积石成山 继往开来——1920 年代以来中国农业遗产研究室的农业文
化遗产整理与保护 [J]. 中国农史 (4).

惠富平, 牛文智, 1999. 中国农书概况 [M]. 西安：西安地图出版社.

贾思勰, 1948. 齐民要术 [M]. 东京：东京农林省农业综合研究所.

贾思勰，1989. 齐民要术 [M].《四部丛刊》初编，上海：上海书店.

贾思勰. 齐民要术 [M]. 南京农业大学中国农业遗产研究室藏明嘉靖三年（1524）马
　　纪刻本.

贾思勰. 齐民要术 [M]. 中国国家图书馆藏明秘册汇函本.

贾思勰原著，缪启愉校释，1998. 齐民要术校释 [M]. 北京：中国农业出版社.

贾思勰原著，石声汉校释，2009. 齐民要术今释 [M]. 北京：中华书局.

焦竑，1996. 国史经籍志 [M].《四库全书存目丛书》史部第 277 册，济南：齐鲁
　　书社.

焦竑撰，李剑雄整理，1999. 澹园集 [M]. 北京：中华书局.

井上进，2013. 中国出版文化史 [M]. 李俄宪，译. 武汉：华中师范大学出版社.

瞿冕良，2009. 中国古籍版刻辞典 [M]. 苏州：苏州大学出版社.

康成懿，1960. 农政全书征引文献探源 [M]. 北京：农业出版社.

康海，1997. 对山集 [M].《四库全书存目丛书》集部第 52 册，济南：齐鲁书社.

邝璠著，康成懿校注，1959. 便民图纂 [M]. 北京：农业出版社.

雷礼，2002. 镡墟堂摘稿 [M].《续修四库全书》第 1342 册，上海：上海古籍出版社.

犁播，1985. 中国农学遗产文献综录 [M]. 北京：农业出版社.

李成贵，1994. 价值，困境和出路：对农史研究的几点看法 [J]. 农业考古 (1).

李丹，2007. 明代私家书目伪书考 [J]. 古籍研究（卷上）.

李飞，2006. 中国古代林业文献述要 [D]. 北京：北京林业大学.

李富强，2017. 18 世纪关中地区农桑知识形成与传播研究——以杨屾师徒为中心 [J].
　　自然科学史研究 (1).

李富强，曹玲，2017. 清代前期我国蚕桑知识形成与传播研究 [J]. 中国农史 (3).

李根蟠，2011. 农史学科发展与"农业遗产"概念的演进 [J]. 中国农史 (3).

李根蟠，王小嘉，2003. 中国农业历史研究的回顾与展望 [J]. 古今农业 (3).

李竞艳，2011. 20 世纪以来晚明士人群体研究综述 [J]. 史学月刊 (2).

李开先，1997. 李中麓闲居集 [M].《四库全书存目丛书》集部第 92 册，济南：齐鲁
　　书社.

李明，王思明，2015. 农业文化遗产学 [M]. 南京：南京大学出版社.

李娜娜，2012. 中国古代牡丹谱录研究 [J]. 自然科学史研究 (1).

李廷相，1994. 濮阳蒲汀李先生家藏目录 [M].《丛书集成续编》第 68 册，上海：上

海书店.

李文海等, 2010. 中国荒政书集成 [M]. 天津：天津古籍出版社.

李贤, 1985. 古穰杂录 [M].《丛书集成初编》第 3962 册, 北京：中华书局.

李心传撰, 徐规点校, 2000. 建炎以来朝野杂记 [M]. 北京：中华书局.

李昕升, 2017. 中国南瓜史 [M]. 北京：中国农业科学技术出版社.

李昕升, 王思明, 2014. 明清以来"三农"研究：近三十年文献回顾与述评 [J]. 农林经济管理学报 (3).

李修生, 2004. 全元文 [M]. 南京：凤凰出版社.

李诩撰, 魏连科点校, 1982. 戒庵老人漫笔 [M]. 北京：中华书局.

梁家勉, 1983. 整理出版古农书刍议 [J]. 文献 (1).

梁家勉, 1989. 中国农业科学技术史稿 [M]. 北京：农业出版社.

梁仁志, 2016. "弃儒就贾"本义考——明清商人社会地位与士商关系问题研究之反思 [J]. 中国史研究 (2).

刘伯缙修, 陈善等纂. 杭州府志 [M]. 中国方志丛书·华中地方·第五二四号.

刘大谟等, 2000. 四川总志 [M].《北京图书馆藏古籍珍本丛刊》第 42 册, 北京：书目文献出版社.

刘基, 2013. 多能鄙事 [M].《原国立北平图书馆甲库善本丛书》第 532 册, 北京：国家图书馆出版社.

刘嵩, 1986. 槎翁诗集 [M].《景印文渊阁四库全书》第 1227 册, 台北：商务印书馆.

刘天和撰, 卢勇校注, 2016.《问水集》校注 [M]. 南京：南京大学出版社.

刘昫等, 1975. 旧唐书 [M]. 北京：中华书局.

卢璧, 2013. 东篱品汇录 [M].《原国立北平图书馆甲库善本丛书》第 523 册, 北京：国家图书馆出版社.

鲁奇, 1992. 中国古代农业经济思想：元代农书研究 [M]. 北京：中国科学技术出版社.

陆廷璨, 2002. 艺菊志 [M].《续修四库全书》第 1116 册, 上海：上海古籍出版社.

陆心源. 群书校补 [M]. 清光绪刻本.

陆钺等, 1990. 山东通志 [M].《天一阁藏明代方志选刊续编》第 51 册, 上海：上海书店.

吕绍虞, 2012. 中国目录学史稿 [M]. 武汉：武汉大学出版社.

栾调甫，1994. 齐民要术考证 [M]. 台北：文史哲出版社.

罗大经撰，王瑞来点校，1983. 鹤林玉露 [M]. 北京：中华书局.

罗桂环，2001. 宋代的"鸟兽草木之学" [J]. 自然科学史研究（2）.

罗振玉，1973. 罗雪堂先生全集初编 [M]. 台北：大通书局.

骆文盛，1997. 骆两溪集 [M].《四库全书存目丛书》集部第 100 册，济南：齐鲁书社.

马端临，1984. 文献通考 [M]. 北京：中华书局.

马一龙，2000. 玉华子游艺集 [M].《北京图书馆古籍珍本丛刊》第 108 册，北京：书目文献出版社.

毛邕，万国鼎，1924. 中国农书目录汇编 [M]. 南京：金陵大学图书馆.

毛泽东，1967. 毛泽东选集 [M]. 北京：人民出版社.

闵军，1993. 中国古代隐士略论——兼谈古代儒道隐逸思想之异同 [J]. 中国人民大学学报（2）.

闵庆文，孙业红，2009. 农业文化遗产的概念，特点与保护要求 [J]. 资源科学（6）.

闵宗殿，2003. 明清农书待访录 [J]. 中国科技史料（4）.

闵宗殿，李三谋，2004. 明清农书概述 [J]. 古今农业（2）.

缪启愉，1992. 错误很多的《东鲁王氏农书》[J]. 古今农业（2）.

莫友芝撰，傅增湘订补，傅熹年整理，1993. 藏园订补郘亭知见传本书目 [M]. 北京：中华书局.

沐昂，2002. 素轩集 [M].《续修四库全书》第 1329 册，上海：上海古籍出版社.

内藤湖南，2016. 东洋文化史研究 [M]. 林晓光，译. 上海：复旦大学出版社.

倪根金，2002. 梁家勉农史文集 [M]. 北京：中国农业出版社.

倪根金，2016.《蚕桑辑要略编》与编者徐赓熙 [J]. 古今农业（4）.

倪根金，2016.《中国农业古籍目录》误收宋代洪刍《老圃集》[J]. 古今农业（3）.

倪根金，2016.《种李园诗话》非农书而是诗文评类著作 [J]. 古今农业（3）.

欧阳修等，1975. 新唐书 [M]. 北京：中华书局.

欧阳修等著，王云整理校点，2017. 洛阳牡丹记：外十三种 [M]. 上海：上海书店出版社.

欧阳修著，李逸安点校，2001. 欧阳修全集 [M]. 北京：中华书局.

潘法连，1984. 读《中国农学书录》札记五则 [J]. 中国农书（1）.

潘法连，1985. 安徽历代农学书录选辑（续完）——《中国农学书录》拾遗 [J]. 中国农史 (3).

潘法连，1985. 安徽历代农学书录选辑——《中国农学书录》拾遗 [J]. 中国农史 (2).

潘法连，1988. 读《中国农学书录》札记八则 [J]. 中国农史 (1).

潘法连，1989. 读《中国农学书录》札记之三 [J]. 中国农史 (4).

潘法连，1990. 读《中国农学书录》札记之四 [J]. 中国农史 (3).

潘法连，1992. 读《中国农学书录》札记之五 [J]. 中国农史 (1).

潘晟，2006. 中国古代地理学的目录学考察（一）——《汉书·艺文志》的个案分析 [J]. 中国历史地理论丛 (1).

潘晟，2008. 中国古代地理学的目录学考察（二）——汉唐时期目录学中的地理学 [J]. 中国历史地理论丛 (1).

潘晟，2008. 中国古代地理学的目录学考察（三）——两宋公私书目中的地理学 [J]. 中国历史地理论丛 (2).

潘晟，2014. 宋代地理学的观念、体系与知识兴趣 [M]. 北京：商务印书馆.

潘之恒，2012. 叶子谱 [M].《说郛三种》第 10 册，上海：上海古籍出版社.

彭世奖，1993. 略论中国古农书 [J]. 中国农史 (2).

彭世奖，1997. 农史研究与现代农业科技的发展 [J]. 中国农史 (3).

齐文涛，2013. 农学阴阳论研究 [D]. 南京：南京农业大学.

祁承爜，2002. 澹生堂藏书目 [M].《续修四库全书》第 919 册，上海：上海古籍出版社.

钱曾撰，丁瑜点校，1984. 读书敏求记 [M]. 北京：书目文献出版社.

邱志诚，2010. 宋代农书考论 [J]. 中国农史 (3).

邱志诚，2010.《中国农学书录》新札 [J]. 中国农史 (1).

邱志诚，2011. 宋代农书的是时空分布及其传播方式 [J]. 自然科学史研究 (1).

如石，1980.《〈墨娥小录〉辑录考略》补正一则 [J]. 文物 (3).

邵亨贞，2002. 蚁述诗选 [M].《续修四库全书》第 1324 册，上海：上海古籍出版社.

施大经. 农书阅古篇 [M]. 南京图书馆藏明刻本.

石声汉，1956. 从《齐民要术》看中国古代的农业科学知识——整理《齐民要术》的初步总结 [J]. 西北农学院学报 (2).

石声汉，1957. 从《氾胜之书》的整理工作谈起：读万国鼎教授《氾胜之书的整理和分析兼和石声汉先生商榷》[J]. 西北农学院学报（4）.

石声汉，1980. 中国古代农书评介 [M]. 北京：农业出版社.

石声汉，2008. 石声汉农史论文集 [M]. 北京：中华书局.

石声汉校释，1956.《氾胜之书》今释 [M]. 北京：科学出版社.

四川省图书馆，1956. 四川省图书馆馆藏中国古农书目录 [M]. 成都：四川省图书馆油印本.

宋濂等，1976. 元史 [M]. 北京：中华书局.

宋懋澄，1998. 九籥集 [M].《四库禁毁书丛刊》集部第 177 册，北京：北京出版社.

宋诩，1986. 竹屿山房杂部 [M].《景印文渊阁四库全书》第 871 册，台北：商务印书馆.

宋诩. 宋氏树畜部 [M]. 中国国家图书馆藏明刻本.

孙传能等，1994. 内阁藏书目录 [M].《丛书集成续编》第 67 册，上海：上海书店.

孙金荣，2015.《齐民要术》研究 [M]. 北京：中国农业出版社.

唐晓峰，2005. 人文地理学随笔 [M]. 北京：生活·读书·新知三联书店.

陶宗仪撰，徐永明，杨光辉整理，2013. 陶宗仪集 [M]. 杭州：浙江古籍出版社.

天野元之助，1992. 中国古农书考 [M]. 彭世奖，林广信，译. 北京：农业出版社.

田富强，张洁，池芳春，2003. 传统史学的史料开掘与农史研究的题材拓展 [J]. 西北农林科技大学学报（社会科学版）（3）.

田艺蘅，2002. 香宇集 [M].《续修四库全书》第 1354 册，上海：上海古籍出版社.

童佩，1997. 童子鸣集 [M].《四库全书存目丛书》集部第 142 册，济南：齐鲁书社.

屠隆，2002. 栖真馆集 [M].《续修四库全书》第 1360 册，上海：上海古籍出版社.

脱脱等，1985. 宋史 [M]. 北京：中华书局.

万国鼎，1956. 论"齐民要术"——我国现存最早的完整农书 [J]. 历史研究（1）.

万国鼎，1957.《氾胜之书》的整理和分析兼和石声汉先生商榷 [J]. 南京农学院学报（2）.

万国鼎校释，1957.《氾胜之书》辑释 [M]. 北京：中华书局.

汪辟疆，2000. 目录学研究 [M]. 上海：华东师范大学出版社.

汪元絅修，田而穟纂，2008. 岷州志 [M].《中国地方志集成·甘肃府县志辑》第 39 册，南京：凤凰出版社.

王达，2001. 中国明清时期农书总目 [J]. 中国农史（1）.

王道明. 笠泽堂书目 [M]. 稿抄本明清藏书目三种.

王国强，2000. 明代目录学研究 [M]. 郑州：中州古籍出版社.

王加华，2016. 技术传播的"幻象"：中国古代《耕织图》功能再探析 [J]. 中国社会经济史研究（2）.

王加华，2018. 教化与意义：中国古代耕织图意义探释 [J]. 文史哲（3）.

王加华，2018. 谁是正统：中国古代耕织图政治象征意义探析 [J]. 民俗研究（1）.

王利华，1989. 农业文化——农史研究的新视野 [J]. 中国农史（1）.

王路，1995. 花史左编 [M].《四库全书存目丛书》子部第 82 册，济南：齐鲁书社.

王磐，1995. 野菜谱 [M].《四库全书存目丛书》子部第 38 册，济南：齐鲁书社.

王磐，2002. 王西楼先生乐府 [M].《续修四库全书》第 1738 册，上海：上海古籍出版社.

王齐，1981. 雄乘 [M].《天一阁藏明代方志选刊》第 7 册，上海：上海古籍书店.

王圻，2002. 续文献通考 [M].《续修四库全书》第 765 册，上海：上海古籍出版社.

王世华，1990. 略论明代御史巡按制度 [J]. 历史研究（6）.

王思明，2002. 农史研究：回顾与展望 [J]. 中国农史（4）.

王思明，陈明，2017. 万国鼎先生：中国农史事业的开创者 [J]. 自然科学史研究（2）.

王思明，陈少华，2005. 万国鼎文集 [M]. 北京：中国农业科学技术出版社.

王思明，沈志忠，2012. 中国农业文化遗产保护研究 [M]. 北京：中国农业科学技术出版社.

王廷相，1997. 王氏家藏集 [M].《四库全书存目丛书》集部第 53 册，济南：齐鲁书社.

王炜民，1991.《隋书·经籍志》著录书目考 [J]. 阴山学刊（哲学社会科学版）（1）.

王尧臣等编次，钱东垣等辑释，1985. 崇文总目 [M].《丛书集成初编》第 21 册，北京：中华书局.

王应麟，1986. 玉海 [M].《景印文渊阁四库全书》第 944 册，台北：商务印书馆.

王永厚，1996.《中国农史》载文的统计分析 [J]. 中国农史（4）.

王永厚，2003. 打开我国农学遗产宝库的钥匙——喜读《中国农业古籍目录》[J]. 中国农史（4）.

王毓瑚，2005. 王毓瑚论文集 [M]. 北京：中国农业出版社.

王毓瑚，2006. 中国农学书录 [M]. 北京：中华书局.

王祯撰，缪启愉译注，1994.《东鲁王氏农书》译注［M］.上海：上海古籍出版社.

王祯撰，王毓瑚校，1981. 王祯农书［M］.北京：农业出版社.

王重民，1984. 中国目录学史论丛［M］.北京：中华书局.

王子凡，2009. 中国古代菊花谱录存世现状及主要内容的考证［J］.自然科学史研究
（1）.

魏徵等，1997. 隋书［M］.北京：中华书局.

温纯，1986. 温恭毅集［M］.《景印文渊阁四库全书》第 1288 册，台北：商务印书馆.

温之诚. 全州志［M］.中国国家图书馆藏清刻本.

吴国伦，1996. 甔甀洞续稿［M］.《四库全书存目丛书》集部第 123 册，济南：齐鲁
书社.

吴旭民，1983. 我国古代的农学百科全书《农政全书》［J］.文史知识（6）.

夏纬瑛校释，1956. 吕氏春秋上农等四篇校释［M］.北京：农业出版社.

萧斆，1986. 勤斋集［M］.《景印文渊阁四库全书》第 1206 册，台北：商务印书馆.

萧放，2000.《荆楚岁时记》研究：兼论传统中国民众生活中的时间观念［M］.北京：
北京师范大学出版社.

肖克之，1997.《齐民要术》的版本［J］.文献（3）.

肖克之，2007. 农业古籍版本丛谈［M］.北京：中国农业出版社.

谢迁，1986. 归田录［M］.《景印文渊阁四库全书》第 1256 册，台北：商务印书馆.

熊三拔述，徐光启译，李天纲点校，2010. 泰西水法［M］.《徐光启全集》第 5 册，上
海：上海古籍出版社.

徐光启撰，李天纲点校，2010. 农书草稿［M］.《徐光启全集》第 5 册，上海：上海古
籍出版社.

徐光启撰，石声汉校注，1979. 农政全书校注［M］.上海：上海古籍出版社.

徐㶿，2002. 徐氏家藏书目［M］.《续修四库全书》第 919 册，上海：上海古籍出
版社.

徐乾学，2002. 传世楼书目［M］.《续修四库全书》第 920 册，上海：上海古籍出
版社.

徐学谟，1996. 湖广总志［M］.《四库全书存目丛书》史部第 194 册，济南：齐鲁
书社.

徐贞明，1996 潞水客谈［M］.《四库全书存目丛书》史部第 222 册，济南：齐鲁书社.

严火其, 2015. 中国传统农业的特点及其现代价值 [J]. 中国农史 (4).

严怡, 1997. 严石溪诗稿 [M].《四库禁毁书丛刊》第 101 册, 北京：北京出版社.

杨宝霖, 1986. 灯窗琐语 [J]. 农业考古 (1).

杨宝霖, 1992. 关于《读中国农学书录札记》中一些问题与潘法连先生商榷 [J]. 中国农史 (4).

杨宽, 1960. 再论王祯《农书》"水排"的复原问题 [J]. 文物 (5).

杨慎, 1986. 丹铅续录 [M].《景印文渊阁四库全书》第 855 册, 台北：商务印书馆.

杨士奇, 1986. 东里集 [M].《景印文渊阁四库全书》第 1238 册, 台北：商务印书馆.

杨士奇等, 1986. 文渊阁书目 [M].《景印文渊阁四库全书》第 675 册, 台北：商务印书馆.

杨现昌, 2017.《齐民要术》之中外版本述略 [M]. 北京：中国农业科学技术出版社.

杨云, 1999. 大理古今名兰 [M]. 昆明：云南科学技术出版社.

叶德辉辑, 1978. 秘书省续编到四库阙书目 [M].《书目类编》第 1~2 册, 台北：成文出版社.

叶依能, 1986. 加强农史研究　更好地为农业现代化服务——在中国农业遗产研究室成立三十周年庆祝会上的讲话 [J]. 中国农史 (1).

叶颙, 1986. 樵云独唱 [M].《景印文渊阁四库全书》第 1219 册, 台北：商务印书馆.

佚名, 1994. 墨娥小录 [M].《中国科学技术典籍通汇》化学卷第 2 册, 郑州：河南教育出版社.

佚名编, 2008. 锦绣万花谷 [M]. 扬州：广陵书社.

佚名. 农用政书历占 [M]. 南京图书馆藏明万历八年 (1580) 刻本.

佚名. 新刻墨娥小录 [M]. 国家图书馆藏格致丛书本.

永瑢等, 1985. 四库全书简明目录 [M]. 上海：上海古籍出版社.

永瑢等, 1986. 四库全书总目 [M].《景印文渊阁四库全书》第 1~4 册, 台北：商务印书馆.

尤袤, 1986. 遂初堂书目 [M].《景印文渊阁四库全书》第 674 册, 台北：商务印书馆.

游修龄, 1999. 农史研究文集 [M]. 北京：中国农业出版社.

余嘉锡, 1980. 四库提要辨证 [M]. 北京：中华书局.

余嘉锡, 2011. 目录学发微 [M]. 北京：商务印书馆.

余兰兰，2015. 陶宗仪著述考论［D］. 上海：华东师范大学.

余为刚，1982. 胡文焕与《格致丛书》［J］. 图书馆杂志（4）.

俞弁. 续医说［M］. 上海中医学院图书馆藏日本万治年间刻本.

袁黄撰，郑守森等校注，2000. 宝坻劝农书［M］. 北京：中国农业出版社.

袁名泽，2012. 道教农学思想发凡［M］. 桂林：广西师范大学出版社.

远德玉，2008. 技术是一个过程——略谈技术与技术史研究［J］. 东北大学学报（社会科学版）（3）.

曾雄生，1996. 隐士与中国传统农学［J］. 自然科学史研究（1）.

曾雄生，2010.《告乡里文》：一则新发现徐光启遗文及其解读［J］. 自然科学史研究（1）.

曾雄生，2012.《告乡里文》：传统农学知识建构与传播的样本——兼与《劝农文》比较［J］. 湖南农业大学学报（社会科学版）（3）.

曾雄生，2012. 中国农学史［M］. 福州：福建人民出版社.

曾雄生，2015. 宋代士人对农学知识的获取和传播——以苏轼为中心［J］. 自然科学史研究（1）.

曾雄生，2017.《告乡里文》所及稻作问题［J］. 中国经济史研究（3）.

张波，1986. 我国农史研究的回顾与前瞻［J］. 中国农史（1）.

张定，1991. 在田录［M］.《丛书集成初编》第2820册，北京：中华书局.

张芳，王思明，2003. 中国农业古籍目录［M］. 北京：北京图书馆出版社.

张芳，王思明，2011. 中国农业科技史［M］. 北京：中国农业科学技术出版社.

张固也，1998.《隋书·经籍志》所据旧录新探［J］. 古籍整理研究学刊（3）.

张固也，王新华，2009.《秘书省续编到四库阙书目》考［J］. 古典文献研究（第十二辑）.

张海鹏，2008. 学津讨原［M］. 扬州：广陵书社.

张居正等，1962. 明世宗实录［M］. 台北："中研院历史语言研究所".

张履详辑补，陈恒力校释，王达参校，增订，1983. 补农书校释［M］. 北京：农业出版社.

张时彻，1997. 芝园集［M］.《四库全书存目丛书》集部第82册，济南：齐鲁书社.

张廷玉等，1974. 明史［M］. 北京：中华书局.

张曦堃，卜风贤，2012. 辛树帜与中国农史研究［J］. 农业考古（6）.

张昱. 张光弼诗集［M］. 上海涵芬楼景印常熟瞿氏铁琴铜剑楼藏明抄本.

张允中, 1994. 山西古农书考［J］. 中国农史 (3).

张增元, 1980. 《墨娥小录》的编者是明代戏曲家胡文焕［J］. 文艺研究 (2).

章传政, 2006. 明清的茶书及其历史价值［J］. 古今农业 (3).

章宏伟, 2008. 明代观政进士制度［J］. 吉林大学社会科学学报 (5).

赵九洲, 2013. 古农书《范子计然》散佚时间与辑佚情况考订［J］. 农业考古 (1).

赵来鸣原修, 孙彦春校注, 2009. 清顺治禹州志校注［M］. 郑州：中州古籍出版社.

赵敏, 2013. 中国古代农学思想考论［M］. 北京：中国农业科学技术出版社.

赵士炜辑, 1978. 宋国史艺文志［M］. 《书目类编》第 2 册, 台北：成文出版社.

赵用贤, 1997. 赵定宇书目［M］. 《书目类编》第 29 册, 台北：成文出版社.

浙江图书馆, 1963. 浙江图书馆馆藏古农书目录［M］. 杭州：浙江图书馆油印本.

郑樵撰, 王树民点校, 2009. 通志二十略［M］. 北京：中华书局.

郑文康, 1986. 平桥稿［M］. 《景印文渊阁四库全书》第 1246 册, 台北：商务印书馆.

郑真, 1986. 荥阳外史集［M］. 《景印文渊阁四库全书》第 1234 册, 台北：商务印书馆.

郑振铎, 1998. 西谛书话［M］. 北京：生活·读书·新知三联书店.

中国古籍善本书目编辑委员会, 1994. 中国古籍善本书目［M］. 上海：上海古籍出版社.

中国古籍总目编纂委员会, 2010. 中国古籍总目·子部［M］. 上海：上海古籍出版社.

中国农业博物馆资料室, 1992. 中国农史论文目录索引［M］. 北京：中国农业出版社.

中国农业遗产研究室, 1958. 农业遗产研究集刊［M］. 北京：中华书局.

中国农业遗产研究室, 1959. 农业遗产研究集刊［M］. 北京：中华书局.

中国农业遗产研究室, 1959. 中国农学史［M］. 北京：科学出版社.

周邦君, 2010. 《补农书》新解［M］. 成都：巴蜀书社.

周广, 1997. 玉岩先生文集［M］. 《四库全书存目丛书》集部第 58 册, 济南：齐鲁书社.

周家楣等修, 张之洞等纂, 2002. 顺天府志［M］. 《续修四库全书》第 686 册, 上海：上海古籍出版社.

周世昌. 重修昆山县志［M］. 中国方志丛书·华中地方·第四三三号

周文华, 1995. 汝南圃史［M］. 《四库全书存目丛书》子部第 81 册, 济南：齐鲁书社.

朱长春, 1997. 朱太复文集 [M].《四库禁毁书丛刊》第 101 册, 北京: 北京出版社.

朱活, 1961. 王祯及其《农书》[J]. 文史哲 (2).

朱磊, 卜风贤, 2007. 近十年中国农史研究动向的计量分析 [J]. 农业考古 (1).

朱橚原著, 王家葵等校注, 2007. 救荒本草校释与研究 [M]. 北京: 中医古籍出版社.

朱橚撰, 王锦绣, 汤彦承译注, 2015. 救荒本草译注 [M]. 上海: 上海古籍出版社.

朱自振, 沈冬梅, 2010. 中国古代茶书集成 [M]. 上海: 上海文化出版社.

左光斗, 2002. 左忠毅公集 [M].《续修四库全书》第 1370 册, 上海: 上海古籍出版社.